俄罗斯 TsAGI 风洞
试验设备概览

主编　战培国

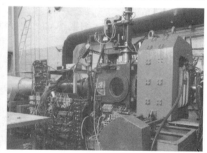

国防工业出版社

·北京·

内 容 简 介

俄罗斯中央航空流体动力研究院（TsAGI）是世界著名的航空航天科研机构，其风洞试验设备是俄罗斯国家风洞试验设备的核心战略资源。本书以风洞设备为主线，介绍 TsAGI 的航空航天试验设备，概述设备参数、试验能力、技术优势和开展过的典型型号试验。此外，为帮助读者了解俄罗斯和世界主要国家航空航天机构的风洞设备情况，在本书附录中，简要介绍了俄罗斯中央机械制造研究院、中央航空发动机研究院和其他科研院所的风洞设备情况，给出了俄罗斯风洞设备汇总表及世界主要国家航空航天机构的网址、简介和风洞设备简表。

本书可以作为我国航空航天试验领域科研人员了解俄罗斯风洞试验设备能力、查阅世界主要风洞试验机构设备信息的指南，同时也可为大专院校师生学习相关知识提供参考。

图书在版编目（CIP）数据

俄罗斯 TsAGI 风洞试验设备概览／战培国主编. —
北京 ：国防工业出版社，2018.3
ISBN 978 – 7 – 118 – 11553 – 6

Ⅰ.①俄…　Ⅱ.①战…　Ⅲ.①风洞试验—试验设备—
俄罗斯　Ⅳ.①V211.74

中国版本图书馆 CIP 数据核字（2018）第 030223 号

※

国防工业出版社出版发行
（北京市海淀区紫竹院南路 23 号　邮政编码 100048）
三河市天利华印刷装订有限公司
新华书店经售
*
开本 787×1092　1/16　印张 11½　字数 260 千字
2018 年 3 月第 1 版第 1 次印刷　印数 1—2000 册　定价 65.00 元

（本书如有印装错误，我社负责调换）

国防书店：(010) 88540777　　　发行邮购：(010) 88540776
发行传真：(010) 88540755　　　发行业务：(010) 88540717

编　委　会

主　　编　战培国

编写人员　罗月培　苏冯念　王　培
　　　　　　　曾　慧　李友荣

编　　审　孙宗祥　刘晓波

前　言

　　俄罗斯是世界一流的航空航天强国，这得益于其在航空航天领域的悠久历史积淀。俄罗斯航空研究的历史可以追朔到 19 世纪后期，例如，1880 年，创立化学元素周期表的门捷列夫发表了经典专著《流体阻力和浮空飞行》。在 20 世纪初，几乎与美国莱特兄弟同步，俄国也完成了飞机带动力飞行。在一个多世纪的发展中，俄罗斯/苏联研制的众多自成体系航空航天型号，如"米格"系列和"苏"系列战斗机，"图"系列轰炸机和运输机，"安"系列和"伊尔"系列运输机，"卡"系列和"米"系列直升机，"白杨"等各种类型系列导弹，"联盟"飞船，"暴风雪"航天飞机等，给世人留下了深刻的印记，奠定了俄罗斯航空航天世界强国的地位。在 20 世纪 20 年代到 80 年代，苏联中央航空流体动力研究院（Central Aerohydrodynamic Institute，TsAGI）为满足型号研制发展的需要，陆续建设了大量试验研究设备，主要包括风洞试验设备、结构强度试验设备、气体动力学试验设备、水动力学试验设备、飞行模拟设备等，这些试验设备为解决型号研制遇到的各种技术问题发挥了重要作用。

　　长期以来，由于各种因素的制约，国内有关俄罗斯航空航天试验设备的公开出版物极少。1996 年，原国防科工委空气动力学专业组曾组织编写了《俄罗斯气动试验设备汇编》（傅增学主编，内部），如今 20 多年过去了，受世界政治经济形势变化以及科学技术发展等众多因素影响，俄罗斯和世界其他国家的航空试验设备都发生了很大变化。2013 年，在俄罗斯中央航空流体动力研究院成立 95 周年之际，中央航空流体动力研究院在其网站发布了"TsAGI 95"，其中对 TsAGI 航空航天设备现状做了较详细的介绍。除此之外，互联网的普及也为我们了解更多国外有关单位的航空航天试验设备信息提供了基础。本书主要介绍 TsAGI 的风洞和航空航天试验设备，为了方便读者学习和查阅，在本书附录中梳理了俄罗斯中央机械制造研究院、中央航空发动机研究院等其他有关科研单位的风洞试验设备；同时，以世界主要国家航空航天机构在互联网站公布的风洞设备信息为主，结合最新文献资料，梳理了世界 14 个国家或地区、21 个航空航天机构的主要风洞设备。

　　本书共计 7 章和 5 个附录。第 1 章由战培国编写；第 2 章由罗月培、王培、曾慧、战培国编写；第 3 章由罗月培、王培、曾慧、战培国编写；第 4 章由罗月培、王培、战培国编写；第 5 章由苏冯念、王培、战培国编写；第 6 章由苏冯念、王培、战培国编写；第 7 章由罗月培、战培国编写；附录 1 由战培国编写；附录 2 由李友荣编写；附录 3 由战培国编写；附录 4 由战培国编写；附录 5 由战培国编写。

本书在编写过程中，采用了俄罗斯中央航空流体动力研究院、中央机械制造研究院、中央航空发动机研究院官方网站的最新公开文献数据。TsAGI 风洞设备信息主要源自 www. tsagi. com 网站发布的"TsAGI 95"，编写中参考了中国空气动力研究与发展中心孙宗祥等翻译的《跨世纪的俄罗斯中央航空流体动力研究院》（2012 年）、傅增学等编写的《俄罗斯气动试验设备汇编》（1996 年）等内部文献资料。

中国空气动力研究与发展中心是我国国家大型风洞试验研究机构，始终关注和跟踪研究国外风洞试验领域的发展变化。本书的编写出版得到了中国空气动力研究与发展中心计算空气动力研究所的大力支持，得到了国防工业出版社的热情帮助，在此表示衷心的感谢！

由于编者水平有限，书中错误和不足之处在所难免，敬请读者批评指正。

编 者
2016 年 12 月

目　录

第1章　俄罗斯中央航空流体动力研究院概述

1.1　历史沿革

俄罗斯/苏联有悠久的航空研究历史和文化积淀，几乎与美国莱特兄弟在1903年完成人类带动力首飞同步，同一时期也完成了飞机设计并取得了类似成果。19世纪后期到20世纪初，俄国涌现出了许多航空探索研究的先驱和巨匠，例如，创立化学元素周期表的门捷列夫在1880年发表了经典专著《流体阻力和浮空飞行》；俄国航空之父、中央航空流体动力研究院创始人 H·E·茹科夫斯基在1912年出版了专著《浮空飞行理论基础》，并与德国著名流体力学家普朗特一起，共同奠定了螺旋桨和机翼理论基础。早期的俄国航空探索研究主要集中在莫斯科国立大学等一些高等专业学校，主要学术带头人和组织者就是 H·E·茹科夫斯基，这些院校培养和凝聚了一批俄国航空领域的杰出人才，如 A·H·图波列夫、C·A·恰普雷金等，他们设计风洞、研制各类浮空飞行器，培养和锻炼了人才，为后来俄国航空发展和成立奠定了基础。

中央航空流体动力研究院（TsAGI）成立于1918年12月1日。20世纪前20年，世界发达国家航空研究快速兴起，法国创建了埃菲尔实验室、德国建立了普朗特实验室和德国航空航天研究院、英国建立了国家物理实验研究所和皇家航空航天研究院、美国成立了国家航空咨询委员会（NACA，即现在的 NASA）。1918年10月，莫斯科国立大学教授、著名的力学家 H·E·茹科夫斯基在出席国家科技部的会议中提出了成立中央航空流体动力研究院（TsAGI）的构想并获得赞同。中央航空流体动力研究院由国家科技部空气动力分部委员会主管，主要研究方向有：①基础理论；②航空科学；③风力机；④交通工具；⑤结构与设计；⑥建筑物空气/流体动力；⑦空气/流体动力测量技术。

中央航空流体动力研究院成立初期是一个集航空科研与生产试制于一体的综合机构。最初的空气动力研究主要依托莫斯科高等技术学院空气动力实验室风洞进行。1923年，开始论证建设空气动力学、航空强度和动力学等方面对航空发展起决定性作用的一些实验室，开始建设 T-1-2 风洞、T-5 风洞等，到 1926 年，形成了 7 个研究室，即：①基础理论研究室；②实验空气动力学研究室；③螺旋桨发动机研究室；④风力机研究室；⑤航空材料和结构强度研究室；⑥航空、水上航空和试制流体动力研究室；⑦总体室。后来还成立了飞行和航空导航、飞行设备设计、浮空飞行实验室等。除了这些航空研究室外，中央航空流体动力研究院还有航空设计和试制厂。在 20 世纪 30 年代以前，中央航空流体动力研究院建造了 AHT-3、AHT-4（"苏维埃国家"号，实现跨洲飞行）、AHT-20（"高尔基"号，当时世界最大）等飞机。

20 世纪 30 年代中期，中央航空流体动力研究院演变为单纯的航空科学研究机构，并将空气动力学、结构强度、振动理论、飞行稳定性和飞行力学确定为发展方向。1921 年茹科夫斯基去世后，C·A·恰普雷金成为中央航空流体动力研究院学术核心，他对中央航空流体动力研究院科研发展方向和人才队伍建设发挥了重要作用。在 30 年代，中央航空流体动力研究院的一些研究室被分离出来，并以其为基础成立了一些新的单位，如航空发动机制造研究院、全苏航空材料研究院、风能研究院、水动力研究院；航空设计和试制厂也被分离出来，成立了"156"号工厂。

中央航空流体动力研究院在近百年的发展进程中，其运行组织管理体系也随着航空航天发展研究的需要和国内政治经济形势变化处于不断变化中。20 世纪 30 年代以前，在中央航空流体动力研究院成立初期，科研试验工作主要分为试验研究和与型号相关的设计室，试验研究室如空气动力室、实验流体力学室、结构强度室、理论研究组、情报室等；与型号相关的设计室由总设计师图波列夫领导，如设计室、结构试制室和厂、飞行试验调试室等（图 1-1）。40 年代伟大卫国战争时期，中央航空流体动力研究院成立了几个分院，如莫斯科分院、喀山分院、新西伯利亚分院等，研究室进行了调整。50~70 年代中期，苏联航空航天进入一个高速发展时期，中央航空流体动力研究院发展也进入一个鼎盛时期，学科专业细分，建立了许多新实验室（图 1-2），以满足科研工作的需要。80~90 年代，苏联进入改革动荡时期，苏联解体，国家政治经济体制发生很大变化，中央航空流体动力研究院也受到了很大影响，其组织管理体制也处于经常变动中，截至 2017 年，中央航空流体动力研究院组织管理体系见图 1-3。据 TsAGI 网站，2008 年，中央航空流体动力研究院还成立了航空认证中心（ACC）。另外，近年来俄罗斯也有在茹科夫斯基市组建国家航空制造中心、成立国家航空研究中心"茹科夫斯基研究院"的建议和规划，但一直没有具体的实施方案。

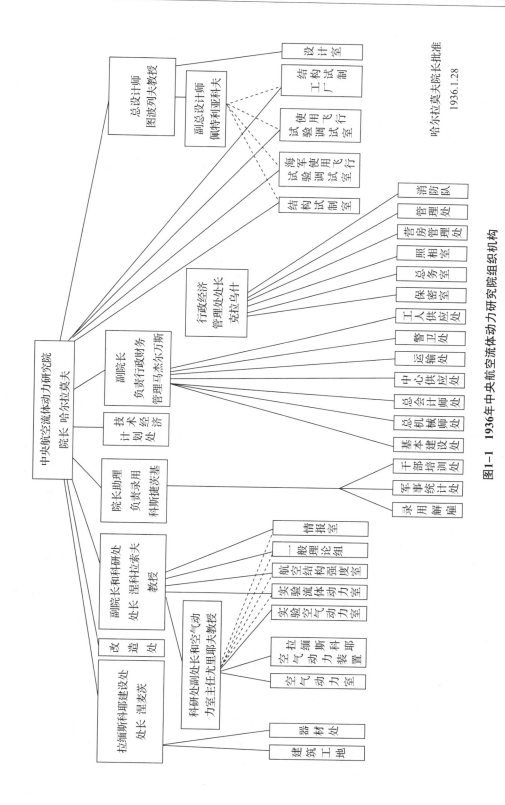

图1-1 1936年中央航空流体动力研究院组织机构

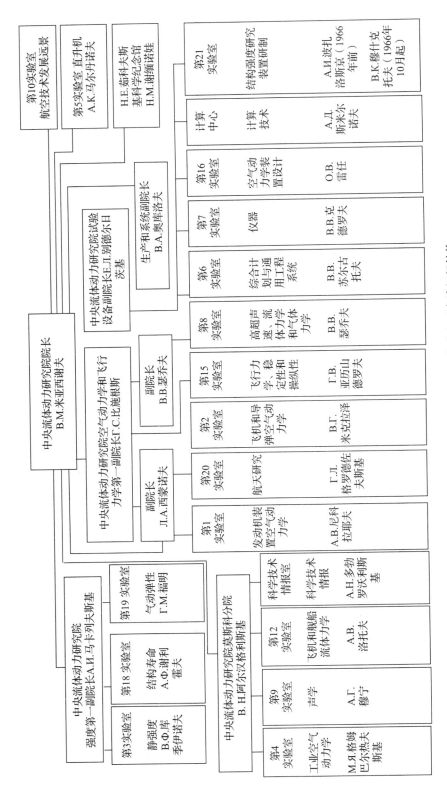

图1-2　1966年中央航空流体动力研究院组织结构

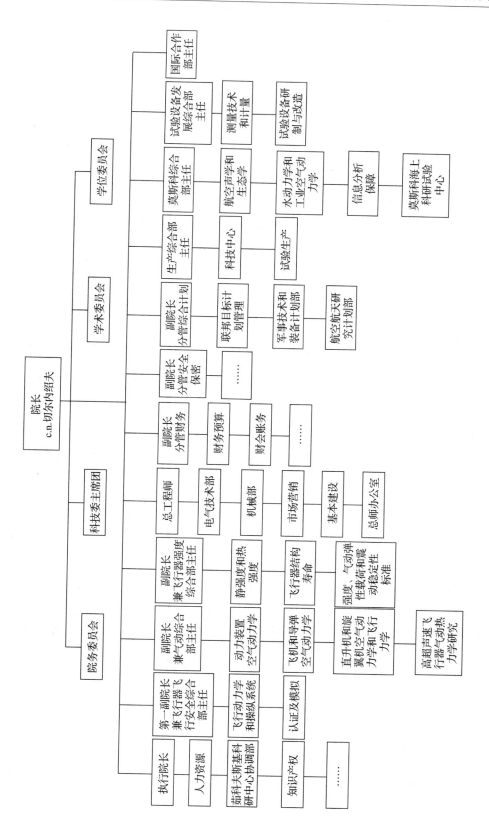

图1-3　2017年中央航空流体动力研究院组织机构图

1.2　设备建设

1933 年，苏联在茹科夫斯基市规划建设新的中央航空流体动力研究院，开始了大规模试验设备和基础设施建设，到 20 世纪 60 年代，基本完成了国家大型风洞设备群建设。1933 年规划建设用于全尺寸飞机试验的 T–101 风洞和用于飞机螺旋桨试验的 T–104 风洞，并于 1939 年建成。在这一过程中为了研究 T–101 大型风洞的设计建设问题，按 1/6 缩尺比先后建设了 T–102、T–103 引导性风洞。20 世纪四五十年代，随着飞机飞行速度提高，为了研究跨、超声速空气动力学问题和飞机尾旋问题，先后建设了 T–105 尾旋风洞、T–106 连续式变压力跨声速风洞、T–107、T–108、T–109 等，完成了结构强度实验室建设；50 年代末至 60 年代，太空竞争促进了高超声速设备建设，先后发展了 T–120、T–121、T–123、T–124、BAT–102、BAT–103 等，至此，中央航空流体动力研究院大规模风洞建设基本完成，七八十年代以后只有少量风洞建设，如 T–127、T–128 等。

概括起来，中央航空流体动力研究院建设的试验设备主要包括：

（1）空气动力学风洞设备，主要由"T"系列亚、跨、超、高超声速风洞构成；

（2）飞行力学设备，包括 PS–10M 集成飞行模拟器综合设备、PSPK–102 飞行模拟器、VPS–4 研究型直升机飞行模拟器等；

（3）声学设备，包括 AC–2 声学无回声舱、AC–11 声学室等；

（4）水动力设备，包括拖曳水槽、水上浮动弹射器等；

（5）结构强度设备，主要包括静力实验室、振动实验室、热强度真空舱、RK–1500 混响室等。

进入 21 世纪以来，俄罗斯经济和航空航天工业逐步开始振兴，在风洞试验设备方面，根据 2015 年 3 月 TsAGI 网站消息，一座自行设计建造的结冰风洞将开始试运行。另外两座新设备也在建设过程中。一座是高超声速综合试验设备，包括共用电力系统和控制系统的三个试验气流通道，一是用于全尺寸（或大尺寸）高超声速飞行器试验的大型高超声速风洞，该风洞可以进行飞行器带动力试验；二是用于解决高超声速飞行器气动热问题的激波管设备；三是用于防热系统试验的特种试验台。另一座是声学风洞，用于开展相关声学研究，满足现代飞机环境噪声等级试验研究要求。除了新建设备外，TsAGI 还计划通过设备现代化改造，提升主要风洞设备的试验能力。

1.3　发挥的作用

1939 年，斯大林指示新飞机在试飞前，必须在中央航空流体动力研究院的风洞中进行评估，并获得飞行许可。从此，中央航空流体动力研究院与各飞机设计局的工作关系固定下来，并为军方和政府部门所接受。中央航空流体动力研究院在各飞机设计局型号设计方案、选型修改、风洞试验等方面直接参与，并对型号能否从工厂试验转入国家试验给出评估和鉴定结论。

1943 年中央航空流体动力研究院出版了《航空设计师手册》，汇集了在空气动力学、飞行力学、流体力学和航空结构强度等方面的研究成果，它们对早期的低速飞机（"米格" – 3、"拉" – 5）设计研制发挥了作用，该手册后来随时代不断更新，并一直在使用。40 年代中叶，航空进入喷气时代，中央航空流体动力研究院在后掠机翼理论、降低波阻、提高临界马赫数、小展弦比机翼等方面开展研究，对"米格" – 9、"雅克" – 15、"米格" – 15 等系列战斗机的空气动力和强度问题进行了大量试验研究，为飞机设计局在气动布局、稳定性和操控性、强度和气动弹性等方面改进设计提供了重要技术支撑。中央航空流体动力研究院通过在空气动力学、结构强度和动力学等方面的试验研究成果，与其他科研单位、各飞机设计局、军方建立了密切合作关系，对型号设计研制给出建议和修改方案，中央航空流体动力研究院的权威性得到业界肯定。

20 世纪 70 年代，中央航空流体动力研究院提出了大推重比高机动性第四代歼击机概念，并在苏霍伊设计局的"苏" – 27 和米高扬设计局的"米格" – 29 研制中给出了具体修改建议和意见，如"苏" – 27 最初采用前缘可变后掠（没有增升装置）、根部小边条非平直机翼（椭圆翼），与美国 F – 15 相比没有优势，后采纳了中央航空流体动力研究院提出的前缘偏转、翼根边条的梯形机翼概念。另外，亚声速静不稳定性、带增稳系统的电传操纵、机翼锐边条等许多创新都源自中央航空流体动力研究院的研究成果，而"米格" – 29 在布局上表现出与"苏" – 27 很大程度上的相似性，也是接受和采纳中央航空流体动力研究院研究成果的结果。

在大飞机研制方面，20 世纪 50 年代，T – 101 全尺寸风洞为 A·H·图波列夫设计局"图"系列（"图" – 16、"图" – 82、"图" – 95 等）大型轰炸机提供了大量风洞试验研究，中央航空流体动力研究院提出了大展弦比平直机翼布局方案，解决了动力、机翼强度和刚度问题。在"图" – 16 远程轰炸机基础上，中央航空流体动力研究院与图波列夫设计局一起研究苏联首架喷气客机"图" – 104 遇到的问题，如飞行安全、结构载荷、大迎角纵向静稳定性降低等，为以后的大飞机研究奠定了基础。中央航空流体动力研究院还分别与 C·B·伊留申设计局、O·K·安东诺夫设计局合作，对"伊尔"系列运输机、"安"系列运输机进行了大量风洞试验研究，解决了采用涡轮喷气发动机和涡轮螺旋桨发动机两类动力的大飞机研制遇到的气动布局、操稳特性、起飞降落、经济性等问题。在大飞机和超声速客机研制中，T-101全尺寸风洞，T-109、T-128等大型风洞设备提供了可靠的试验数据，发挥了重要作用。

在直升机研究方面，20世纪初，H·E·茹科夫斯基就开始了直升机研究，撰写了《论直升机的有效载荷》《直升机旋翼旋转平面上的风力影响的理论判断经验》等。1947年，中央航空流体动力研究院以尾旋实验室和T-105立式风洞为基础组建直升机实验室，即第5实验室，研制了直升机试验台 HBy-1，在T-101和T-105风洞开展直升机试验研究，与卡莫夫设计局和米里设计局长期合作，对"卡"系列、"米"系列直升机研制工作作出了重要贡献。70年代开始，中央航空流体动力研究院对直升机旋翼翼型开展研究，研制设计了专用翼型，并在T-106风洞中进行了试验研究。

中央航空流体动力研究院从20世纪50年代中后期开始高超声速飞行器研究，陆续建设了一批高超声速风洞、热强度实验舱等设备，为导弹类和航天飞机类高超声速飞行器提供了大量试验研究工作，与各型号设计局密切合作，在空气动力、级间分离、稳定与控制、结构强度、气动弹性和飞行力学方面，提供技术支持和研究成果。主要参与研究的项目包括"联盟"号宇宙飞船、"暴风雪"号航天飞机、水平起飞的空天飞机等。

在导弹类武器研究方面，中央航空流体动力研究院从20世纪40年代开始研究各类带翼导弹的气动布局，与各型号设计局（"彩虹""火炬""革新者"等）合作，对导弹空气动力学、静动态结构强度、空间运动动力学、操稳特性开展研究，与其他科研院所一道对导弹类武器的效能进行评估，为各类近、中、远程导弹研制作出了贡献，如"彩虹"设计局的"白蛉""星星"，设计局的"X"系列导弹等。

水动力学研究在中央航空流体动力研究院成立之初就占有重要位置，并建有水动力实验室，主要研究的问题有两类：一是水面和水中的物体运动，如武器装备中的水上飞机、舰船、水中兵器等；二是研究水管和开放水槽中的水流，如国民经济建设中的水电站、航道运输问题。1930年建成了大型水槽，开展了水上飞机试验研究，形成了水上飞机强度设计标准，研究成果收录在《航空设计师手册》的第2卷《水上飞机的水动力学》中，在水上航空等方面发挥了重要作用。40年代以来，开展了一系列水动力基础（超空泡、水翼理论）和应用研究，如超高速超空泡"风雪"鱼雷、潜射导弹、地效飞行器和气垫船、水陆两用飞机、航天器回收和飞机水上迫降等。

第2章 亚声速风洞设备

中央航空流体动力研究院从20世纪20年代开始亚声速风洞建设，其中包括声学、结冰、螺旋桨等一些特种风洞试验设备。据2013年中央航空流体动力研究院网站发布的"TsAGI 95"报告显示，主要亚声速风洞有10座。此外根据其他文献资料，另有1座组合式高空低速风洞，目前是否尚存不确定。

2.1 T-1-2风洞

T-1-2风洞是一座串列双试验段低速风洞，风洞示意图见图2-1。

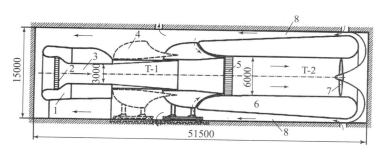

图2-1 T-1-2风洞

1—T-1喷管；2—T-1蜂窝器；3—T-1试验段；4—可移动段；
5—T-2蜂窝器；6—T-2试验段；7—风扇；8—气流回路。

1. 技术参数

	T-1	T-2
试验速度：	5~55m/s	5~27m/s
雷诺数：	3.8×10^6/m	2.8×10^6/m
总压：	大气压	大气压
动压：	1.85kPa	1kPa
驻点温度：	环境温度	环境温度
试验段：	直径3m，长6m	直径6m，长14m（正八边形）
模型尺寸：	翼展1.6m，机身长2.5m，机翼面积0.48m²	
模型倾角：	$\alpha = -20° \sim 40°$	

2. 风洞概述

1925 年，T-1-2 大型风洞建成。T-1-2 风洞是在 A. M. 切列姆赫因领导下根据 Б. H. 尤利耶夫和 Г. M. 姆欣尼扬涅茨的设计思想建造的，其方案和结构设计由 K. K. 巴乌林、Г. M. 姆欣尼扬涅茨、K. A. 乌沙科夫、Б. H. 尤利耶夫和 A. M. 切列姆赫因完成。在建造 T-1-2 风洞之前，曾在莫斯科高等技术学校实验室里建造模型风洞（HK）用以检查所有的计算和设计方案。

T-1-2 风洞是一座连续式环流闭口风洞，风洞具有两个八边形截面的串列试验段（T-1 和 T-2）。1000kW 的直流电机驱动风扇产生气流。T-1 试验段配备有张线支撑的四分量机械天平、降低湍流的蜂窝器、镜像装置和非定常气动特性研究装置。

T-2 试验段配备进行垂直轴和水平轴风力机的装置试验，具有螺旋桨实验装置，还配置了研究飞机尾旋的仪器及测定旋转导数（$m_x^{\omega_x}$ 和 $m_y^{\omega_y}$）的装置。

在 T-1 试验段中，应用镜像法可以研究在极低高度地面对飞行器气动特性的影响。专用平移振动装置可以直接确定高层建筑的风阻。

在 T-2 试验段中，独特的旋转装置能获得垂直轴风力机特定速度范围内的特性。

3. 试验能力

（1）通过机械天平确定总的气动力特性，局部应变测量和近地面效应；

（2）利用各种方法测量模型表面压力分布和进行流场显示；

（3）通过特有的平移振动装置确定旋转导数和其他气动阻尼参数；

（4）进行垂直轴和水平轴风力机试验。

4. 风洞应用

T-1 试验段主要用于研究飞行器、舰船的定常和非定常气动特性，研究工业风工程的风应力和抑制方法。T-1-2 风洞进行的首期试验是"福克"D-Ⅱ飞机机翼的试验。T-2 试验段应用于优化风电场及其模型试验，风速可以高达 27m/s。图 2-2 给出了 T-1-2 风洞开展的部分典型试验。

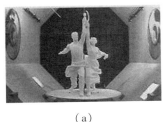 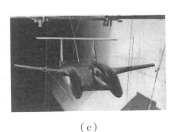

（a）　　　　　　　　　（b）　　　　　　　　　（c）

图 2-2　T-1-2 风洞典型试验

（照片取自 www. tsagi. com，TsAGI 95）

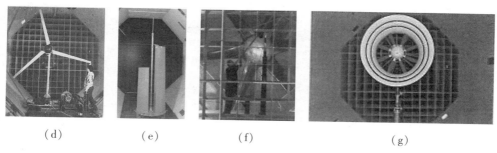

（d）　　　　　（e）　　　　　（f）　　　　　　　　　（g）

图 2 - 2　T - 1 - 2 风洞典型试验（续）

（照片取自 www. tsagi. com，TsAGI 95）

2.2　T - 5 风洞

T - 5 风洞是一座开口低速风洞，风洞示意图见图 2 - 3。

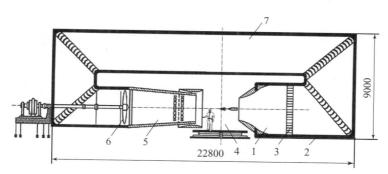

图 2 - 3　T - 5 风洞

1—喷管；2—稳定段；3—蜂窝器；4—试验段；5—扩散段；6—风扇；7—气流回路。

1. 技术参数

试验段：直径 2.25m，长度 3.15m　　　　试验速度：5 ~ 55m/s

雷诺数：$3.4 \times 10^6/m$　　　　　　　　动压：1.5 ~ 1.85kPa

驻点温度：环境温度　　　　　　　　　　湍流度：0.3%

迎角：$-20° \sim 40°$　　　　　　　　　侧滑角：$\pm 20°$

模型尺寸：翼展 1.5m，机身长 2.5m，机翼面积 $0.5m^2$

2. 风洞概述

T - 5 风洞为连续式回流开口风洞。315kW 的直流电机驱动风扇产生风洞内部的气流。利用配备的六分量机电式天平、螺旋桨实验台、流动显示技术等开展空气动力学试验研究。

试验段湍流度较低，能够进行边界层和尾流内部气动特性研究，能满足超轻微型无人机在低雷诺数条件下的层流试验环境要求。

3. 试验能力

（1）用机电式天平在有或无防护屏的条件下研究模型气动特性；

（2）确定模型气流参数；

（3）利用丝线、油流和蒸汽进行流场显示研究。

4. 风洞应用

用于各种飞行器起飞/着陆特性、工业空气动力学试验和优化，如低速航空器、飞艇、微型无人机、海上船舶、钻井平台等。图 2-4 给出了 T-5 风洞开展的部分典型试验。

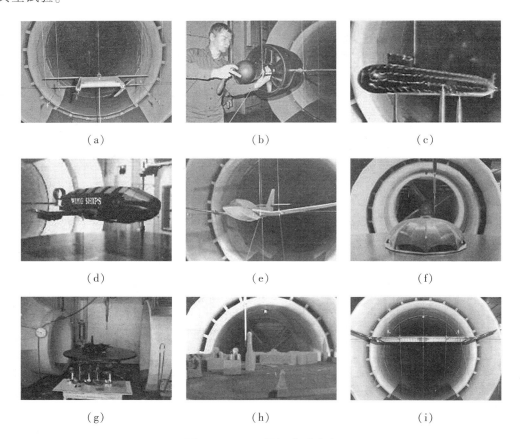

（a）　　　　　　　（b）　　　　　　　（c）

（d）　　　　　　　（e）　　　　　　　（f）

（g）　　　　　　　（h）　　　　　　　（i）

图 2-4　T-5 风洞典型试验

（照片取自 www.tsagi.com，TsAGI 95）

2.3　T-101 风洞

T-101 风洞是一座全尺寸低速风洞，风洞示意图见图 2-5。

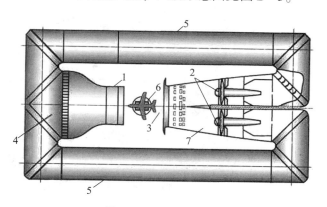

图 2-5　T-101 风洞

1—喷管；2—风扇；3—试验段；4—稳定段；

5—气流回路；6—天平；7—扩散段。

1. 技术参数

试验段：24m×12m×24m（长轴×短轴×长，喷管出口截面为椭圆形）

试验速度：5~52m/s

雷诺数：$3.6×10^6/m$　　　　　　　静压：$1×10^5$Pa

动压：1.7kPa　　　　　　　　　　总温：大气温度

迎角范围：±20°　　　　　　　　侧滑角范围：±180°

试验模型：翼展 18m，机身长 30m，机翼面积 35m²

2. 风洞概述

1931—1932 年，苏联专家学者通过对美国的访问了解到美国全尺寸风洞（NASA 兰利全尺寸风洞）建设的具体情况。1933 年，TsAGI 同时规划建设两座大型风洞：一是用于飞机试验研究的 T-101 全尺寸风洞；二是用于螺旋桨发动机试验研究的 T-104 风洞（7m 量级），两座风洞均于 1939 年建成，至今在风洞试验领域仍占据重要地位。

T-101 风洞结构布局形式与美国 NASA 兰利全尺寸风洞一致，采用了当时经典的双回路、椭圆开口试验段布局形式，风洞尺寸比美国 NASA 兰利全尺寸风洞更大，试验速度更高，风洞的两台风扇电机总功率为 30MW。风洞试验段气流偏角 $\Delta\alpha = \pm 0.4°$，$\Delta\beta = \pm 0.4°$。

风洞配备有六分量外式天平、各类内式应变天平和试验模型遥控系统，试验数据的采集、处理和打印由先进的测量和计算机系统完成。六分量外式天平量程：升力—4000 ~ 10000kg，阻力—3000 ~ 2500kg；侧力—2000 ~ 1500kg；俯仰力矩 ± 60000kg·m；偏航力矩—6000 ~ 5000kg·m；滚转力矩—6000 ~ 5000kg·m。测力试验精度基本范围：升力系数 ± 0.004；阻力系数 ± 0.001；侧力系数 ± 0.001；俯仰力矩系数 ± 0.002；偏航力矩系数 ± 0.0005；滚转力矩系数 ± 0.0005。

T-101 风洞的技术优势是能提供高雷诺数下的全尺寸或大尺度试验和带真实发动机或发动机模拟器飞机的试验。风洞配备有 150×10^5kPa 和 10×10^5kPa 的气源，用以模拟发动机喷气对飞机气动特性影响试验，喷气压力 4×10^5kPa，流量 24kg/s，空气可加热温度 100 ~ 200°C。螺旋桨试验用变频电机功率 3600kW。风工程桥梁试验模型缩尺比 1/10 ~ 1/100，模型最长可达 20m，可以精确测量大尺度模型静动态风载荷。

3．试验能力

（1）全尺寸飞机、直升机或其他大尺度模型的气动特性试验；

（2）用内式天平测量评估控制面气动载荷；

（3）飞行器表面压力分布测量；

（4）各种冰形对飞行器及其部件气动特性和控制效率的影响；

（5）降落伞、各种滑翔伞气动特性；

（6）工业风工程研究；

（7）运用各种方法研究高雷诺数下飞行器或模型的物理特性。

4．风洞应用

所有俄罗斯/苏联飞机或直升机型号都在 T-101 风洞进行过试验，例如，"图"系列轰炸机、"伊尔"系列运输机、"米格"系列战斗机、"米"系列直升机等，苏联第一架后掠翼喷气远程轰炸机"图"-16 研制过程中曾遇到许多气动问题，如控制面铰链力矩的精确测定，T-101 风洞发挥了重要作用。在工业风工程方面，开展了莫斯科 Moskva 河大桥、莫斯科 Poklonnaya 山上的感恩纪念塔、电视塔等试验。图 2-6 为 T-101 风洞中开展的部分典型试验。

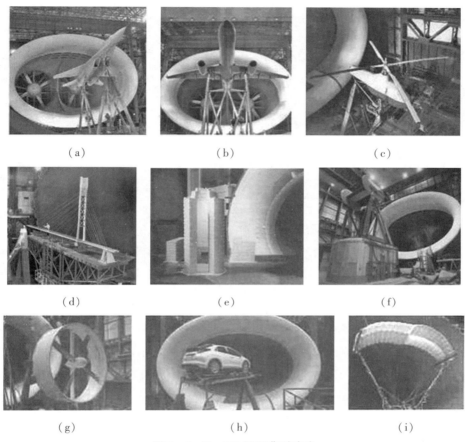

图 2 - 6　T - 101 风洞典型试验

（照片取自 www. tsagi. com，TsAGI 95）

2.4　T - 102 风洞

T - 102 风洞是 T - 101 风洞的引导性风洞，风洞示意图见图 2 - 7。

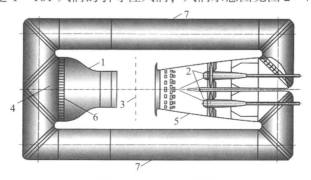

图 2 - 7　T - 102 风洞

1—喷管；2—风扇；3—试验段；4—稳定段；5—扩散段；6—蜂窝件；7—气流回路。

1. 技术参数

试验段：4m×2.33m×4m（长轴×短轴×长，喷管出口截面为开口椭圆形）

试验速度：10~55m/s

雷诺数：$3.8 \times 10^6/m$　　　　总压：大气压力

动压：1.9kPa　　　　　　　　总温：大气温度

迎角范围：−16°~40°　　　　侧滑角范围：±26°

试验模型：翼展2.5m，机身长2.5m，机翼面积0.8m²

2. 风洞概述

苏联为建造 T−101 风洞，决定按 1/6 的比例建造一座引导性风洞——T−102。K. K. 巴乌林、И. E. 依杰利奇克和 С. И. 鲁坚科设计了 T−102 风洞的气动方案，风洞风扇装置的设计是在 K. A. 乌沙科夫的领导下完成的，六分量气动天平是由 M．B．格拉泽尔研制的。1936 年 7 月 18 日 T−102 风洞进行了首次试车。

T−102 是一座连续式、双回路、开口试验段低速风洞，主要进行飞机在起飞、着陆和低速飞行时的气动特性研究。风洞的气流由两台四片桨叶风扇产生，每台驱动直流电机的功率为 250kW。风洞配备有机电式天平，计算机测控系统能够在试验过程中进行数据监测、数据采集、数据配准和结果处理。风洞模型支撑方式采用张线支撑、腹撑或尾撑，通常在设备间安装好后推入试验段，安装或更换模型约需 15min。

风洞配有机械式和应变式六分量天平，其量程为：升力−100~600kg；阻力−100~150kg；侧力−80~80kg。风洞气动力试验精度范围：阻力系数±0.003；升力系数±0.003；侧力系数±0.003；滚转力矩系数±0.0002；偏航力矩系数±0.0003；俯仰力矩系数±0.0015。

3. 试验能力

（1）利用六分量机电天平测量模型总的气动特性，包括模拟地面效应和发动机工况时；

（2）确定模型总的和局部气动载荷，包括用单分量或多分量天平测量控制系统的铰链力矩；

（3）测量模型表面压力分布；

（4）进行模型尾部气流的下洗和驻点研究；

（5）涡轮喷气发动机冷喷模拟研究；

（6）利用丝线、油流等进行模型表面流动显示。

4. 风洞应用

　　T－102 风洞主要用于各种不同类型航空器的试验研究，见图 2－8。早期试验如ДБ－3改型飞机模型的边界层控制研究，"伊尔"－10 强击机模型试验，歼击机"拉"－160 模型试验，巡航导弹"X"系列模型试验等。第二次世界大战后至今，T－102风洞对各种不同缩尺模型和全尺寸飞行器进行过试验研究。

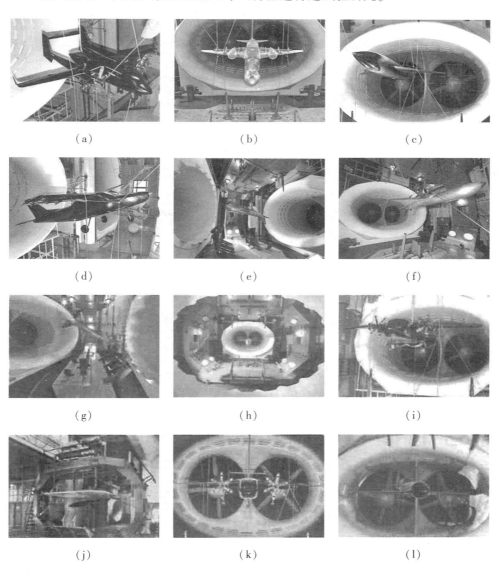

图 2－8　T－102 风洞典型试验

（照片取自 www.tsagi.com，TsAGI 95）

2.5　T-103 风洞

T-103 风洞是一座回流式低速风洞，风洞示意图见图 2-9。

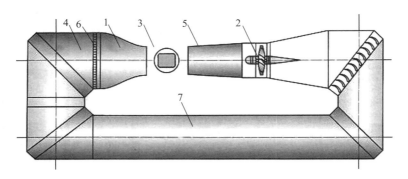

图 2-9　T-103 风洞

1—喷管；2—风扇；3—试验段；4—稳定段；5—扩散段；6—蜂窝器；7—气流回路。

1. 技术参数

试验段：4.0m×2.33m×3.8m（长轴×短轴×长，喷管出口截面为开口椭圆形）

试验速度：10~80m/s

雷诺数：$5.5×10^6/m$　　　　　总压：大气压

动压：4.0kPa　　　　　　　　总温：大气温度

迎角范围：-16°~54°　　　　侧滑角范围：±24°

试验模型：翼展2.5m，机身长2.5m，机翼面积0.8m²

2. 风洞概述

T-103 同 T-102 一样，按缩尺比 1/6 作为 T-101 全尺寸风洞的引导性风洞建造。1937 年底，风洞完成吹风调试工作。在研制 T-102 和 T-103 风洞的过程中，所积累的科学经验为建造大型风洞 T-101 和 T-104 奠定了基础。1967 年，T-103 风洞进行了改造，以保证动力相似模型的试验能力。增建厂房建筑面积 2070m²，作为研究垂直起降飞行器模型的安全操作间，还修建了制作颤振模型的生产车间。

T-103 是一座连续式、单回路、开口试验段低速风洞，主要进行飞机在起飞、着陆和低速飞行时的气动特性研究。T-103 风洞的气流由 4400kW 恒流电机驱动风扇产生，配备有产生横向侧风的专用装置。

风洞主要利用安装在专用平台上的机电天平完成各种试验。计算机测控系统用于试验过程的监测、数据采集和处理。风洞配有机械式和应变式六分量天平，其量程为：升力 $-100 \sim 600 \text{kg}$；阻力 $-100 \sim 150 \text{kg}$；侧力 $-80 \sim 80 \text{kg}$。风洞气动力试验精度范围：升力系数 ± 0.003；阻力系数 ± 0.003；侧力系数 ± 0.003；俯仰力矩系数 ± 0.0015；偏航力矩系数 ± 0.0003；滚转力矩系数 ± 0.0002。

风洞配备有 OVP – 102B 小振幅强迫振动试验台，其原理见图 2 – 10。主要性能参数如下：

风速：40m/s

技术原理：小振幅强迫旋转振荡

振荡轴：滚转、俯仰和偏航轴

试验模型：翼展 1m，机翼面积 0.3m^2，模型质量 12kg

攻角范围：$\pm 180°$　　　　　侧滑角范围：$\pm 90°$

模型振荡范围：$2° \sim 5°$　　　　模型振荡频率：$0.2 \sim 2 \text{Hz}$

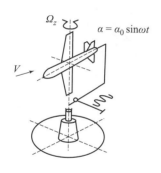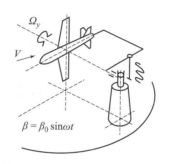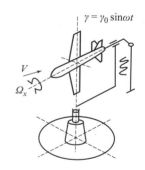

图 2 – 10　强迫振动试验原理

OVP – 102B 主要用于研究飞行器低速非定常和旋转气动力导数。试验台基于模块化原理组装工作。试验台工作形态按模型所需的振荡轴要求组装。模型采用尾支撑或机身下方支撑。支杆固定在运动台架上，运动台架向内弯与轴承座连接。台架通过独立的电机驱动协调运动。通过风洞转盘改变迎角，模型侧滑角由转盘和支杆组合确定。模型振荡频率和幅度可以不同。

OVP – 102B 安装于 T – 103 风洞开口试验段的可旋转地板上，可以进行不同振幅的单自由度强迫滚转、俯仰、偏航振荡试验。该试验装置试验准备时间短，维持模型运动和振荡频率精确度高，能够利用尾旋试验模型进行试验。气动载荷用五分量天平测量，并通过高速数/模转换器传输给计算机系统。计算机系统按等时间间隔记录气动载荷、角度、风洞其他参数。最终通过数字滤波矫正，获得单周期的振荡试验数据。该设备还可以进行恒定低角速度扫描运动,采集静态试验数据,获得静态迟滞数据。

通过试验数据处理,可以获得平均气动特性值和非定常旋转气动力导数。

俯仰振荡:C_{z_α},$C_{z_q} + C_{z_{\dot\alpha}}$,$C_{m_q} + C_{m_{\dot\alpha}}$

偏航振荡:$C_{y_\beta}\cos\alpha$,$C_{y_\gamma} - C_{y_{\dot\beta}}\cos\alpha$

$C_{l_\beta}\cos\alpha$,$C_{l_\gamma} - C_{l_{\dot\beta}}\cos\alpha$

$C_{n_\beta}\cos\alpha$,$C_{n_\gamma} - C_{n_{\dot\beta}}\cos\alpha$

滚转振荡:$C_{y_\beta}\sin\alpha$,$C_{y_p} + C_{y_{\dot\beta}}\sin\alpha$

$C_{l_\beta}\sin\alpha$,$C_{l_p} + C_{l_{\dot\beta}}\sin\alpha$

$C_{n_\beta}\sin\alpha$,$C_{n_p} + C_{n_{\dot\beta}}\sin\alpha$

OVP – 102B 试验台一直在正常运行并定期进行改造,见图 2 – 11。俄罗斯/苏联几乎所有的飞机以及国外十多个飞机型号利用 OVP – 102B 进行过试验。

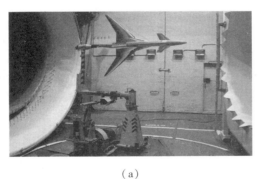

（a）　　　　　　　　　　　　　　　　　（b）

（c）　　　　　　　　（d）　　　　　　　　（e）

图 2 – 11　OVP – 102B 试验台

（照片取自 www. tsagi. com,TsAGI 95）

3. 试验能力

（1）气动特性测量，包括模拟地面效应和发动机运行时；

（2）独立开展控制面气动载荷测量，或与全模试验同时进行；

（3）用电气模块测量模型表面；

（4）模型四周的速度场研究；

（5）模型表面及四周的多种手段流场显示；

（6）用专用模型开展静、动态气动弹性研究；

（7）动力相似模型分离轨迹研究；

（8）专用试验台旋转导数测量；

（9）涡轮喷气的冷喷模型试验；

（10）进气道内流动研究。

4. 风洞应用

T-103 风洞的试验成本较低，俄罗斯/苏联的飞行器研制一般首先在 T-103 和 T-102风洞进行试验，选定基本参数后，再转到其他风洞进行深入的试验研究。T-103 风洞在飞行器研发和改进过程中发挥了重要作用，开展过"伊尔"-86、"伊尔"-96、"图"-204、"安"-124 等改进试验研究，部分典型试验见图 2-12。

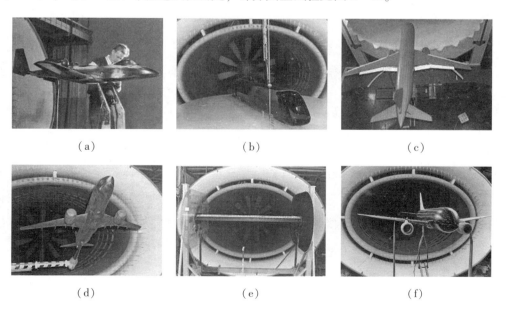

（a）　　　　　　　　（b）　　　　　　　　（c）

（d）　　　　　　　　（e）　　　　　　　　（f）

图 2-12　T-103 风洞典型试验

（照片取自 www.tsagi.com，TsAGI 95）

2.6　T-104 风洞

T-104 风洞是一座回流式低速风洞，风洞示意图见图 2-13。

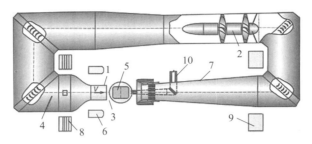

图 2-13　T-104 风洞

1—喷管；2—两级风扇；3—试验段；4—稳定段；5—风洞天平位置；6—工作台；7—扩散段；
8—供气管道；9—排气管道；10—气体排放设备。

1. 技术参数

试验段：喷管直径 7m，长度 13m（试验段为圆形开口式）

试验速度：10~120m/s

雷诺数：8×10^6/m　　　　　　静压：大气压力

动压：8.8kPa　　　　　　　　总温：大气温度

2. 风洞概述

1933 年 10 月 31 日，中央流体研究院院长批准了研究院的首期总体计划，建造全尺寸风洞 T-101（用于飞机）和 T-104（用于螺旋桨）。1939 年 8 月风洞首次吹风，年底投入正式运行。

T-104 是一座连续式、开口、回流亚声速风洞。风洞风扇电机总功率 28.4MW。风洞配备有六分量机电天平和配套的内式、外式应变天平及综合测试计算设备。风洞配有三点支撑系统、一点固定支撑系统和张线式支撑系统。六分量机械天平安装在移动机构上，迎角范围 ±20°，侧滑角范围 ±180°。天平的量程为：升力 -2000~4000kg；阻力 -8000~8000kg；侧力 -1000~1000kg；滚转力矩 -1000~1000kg·m；偏航力矩 -1000~1000kg·m；俯仰力矩 ±1500kg·m。

距试验段出口 2m、直径 5m 的横截面速度场流场品质为：$\Delta q = \pm 0.8\%$；$\Delta \alpha = \pm 0.4°$；$\Delta \beta = \pm 0.5°$。

T-104 风洞的技术优势是高雷诺数条件下，能够开展各种全尺寸或大尺度模型试验；能够对真实发动机或带发动机模拟的飞机、直升机进行试验。

3. 试验能力

（1）研究全尺寸推进系统静态和动态特性，测量发动机推力（最大 100kN）；

（2）利用螺旋桨试验台评估螺旋桨和对转螺旋桨的气动和声学特性；

（3）确定飞行器总体和分布气动特性；

（4）利用专用试验技术和设备研究大尺寸、弹性、动态缩尺模型的静/动态特性；

（5）工业空气动力学常规和特殊试验；

（6）其他物理研究（压力分布，流动显示）。

4. 风洞应用

俄罗斯/苏联所有飞机、涡轮螺旋桨发动机、飞机螺旋桨、开式转子、发动机进气道都在 T－104 风洞进行了大迎角和超临界迎角试验。"图"－154、"图"－204、"伊尔"－62、"伊尔"－96、"伊尔"－114、"安"－124、"安"－225 等飞机均在该风洞中做过动力装置试验；"雅克"－7 歼击机、"苏"－9 歼击机进行过座舱盖抛弃试验；进行过"KC"超声速巡航导弹实体试验、有翼导弹模型试验、"40"型导弹外翼的结构相似模型试验、"安"－22 飞机的颤振试验、"雅克"－24 重型直升机模型试验等，部分典型试验见图 2－14。

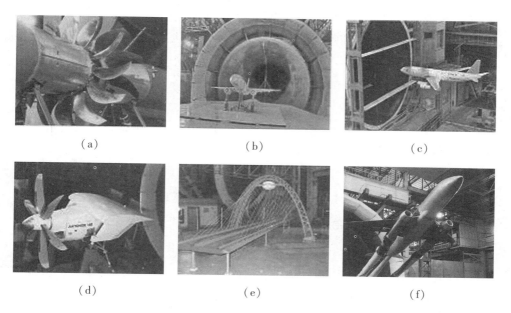

（a）　　　　　　　　　（b）　　　　　　　　　（c）

（d）　　　　　　　　　（e）　　　　　　　　　（f）

图 2－14　T－104 风洞典型试验

（照片取自 www.tsagi.com，TsAGI 95）

2.7　T－105 风洞

T－105 是一座立式风洞，风洞示意图见图 2－15。

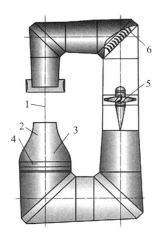

图 2－15　T－105 风洞

1—试验段；2—喷管；3—蜂窝器；4—稳定段；5—风扇；6—导流片。

1. 技术参数

试验段：喷管直径 4.5m，长度 7.5m

试验速度：5～40m/s　　　　　　气流方向：向上

雷诺数：$2.4 \times 10^6/m$　　　　　静压：大气压

动压：0.75kPa　　　　　　　　总温：大气温度

迎角范围：0°～360°　　　　　　侧滑角范围：0°～360°

2. 风洞概述

T－105 风洞始建于 1938 年，1941 年建成。T－105 风洞的总设计师是 А. И. 尼基丘克。风洞的主要参数由 А. Н. 茹拉夫钦科和 А. И. 尼基丘克选定；气动方案和总体布局由 К. К. 巴乌林、Г. Н. 阿勃拉莫维奇和 И. Е. 依杰利奇克研究设计。

T－105 是一座连续式、回流、开口立式风洞。风扇电机功率 450kW。该风洞设计用来进行自由飞状态下飞行器动力相似模型的尾旋试验，也利用带有天平的专用设备，广泛开展飞行器及其部件的气动特性研究。该风洞的突出特点是能进行模型自由飞尾旋试验。

为测量尾旋时作用于飞机模型上的气动力，研制了带有旋转六分量应变天平的尾旋测量装置，并具有实现不同尾旋半径值的能力。风洞配备的天平代号为 RB - 4 和 RB - 5。风洞还配有飞机模型尾旋试验投放装置，大迎角静、动态试验装置和动导数试验装置。

T - 105 风洞中配套了一系列试验用的新型装置，用于研究旋翼模型的气动特性及直升机气动布局。这些装置的特点在于结构模块化，可以快速利用模块构建所需的试验装置。

3. 试验能力

（1）垂直下降状态下，测量动力相似模型的运动参数；

（2）在有或无旋转、迎角和侧滑角 0° ~ 360° 范围内，测量飞行器模型的气动特性；

（3）测量直升机主旋翼的气动特性（1 ~ 2 个旋翼以不同方式组合，包括 1 个旋翼同轴、纵向和横向布局）；

（4）测量直升机和螺旋桨动力推力换向飞机模型的气动特性，试验带有模拟地板；

（5）测量带螺旋桨飞艇模型、气球和降落伞系统的气动特性；

（6）测量直升机旋翼控制装置的气动特性；

（7）工业风工程研究；

（8）测量模型表面压力分布，包括旋转桨叶模型；

（9）测量飞行器周围的速度场；

（10）模型表面及周围各种流动显示。

4. 风洞应用

试验研究飞机在失速迎角条件下的尾旋模态和气动特性，开展过大量型号试验，飞机试验，如"苏" - 27、"米格" - 29、"图" - 204、"图" - 334；直升机试验如"米" - 8、"米" - 26、"米" - 38、"米" - 34、"米" - 28、"卡" - 32、"卡" - 50、"卡" - 62等。部分典型试验见图 2 - 16。

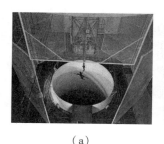 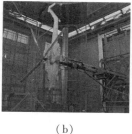 

（a） （b） （c）

图 2 - 16 T - 105 风洞典型试验

（照片取自 www. tsagi. com，TsAGI 95）

（d）　　　　　　　　　　　（e）

图 2 - 16　T - 105 风洞典型试验（续）

（照片取自 www. tsagi. com，TsAGI 95）

2.8　T - 124 风洞

T - 124 是一座低湍流度风洞，风洞示意图见图 2 - 17。

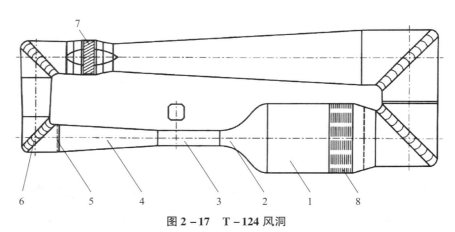

图 2 - 17　T - 124 风洞

1—稳定段；2—收缩段；3—试验段；4—扩散段；5—防护屏；

6—可调导流叶片；7—风扇；8—降湍阻尼网。

1. 技术参数

试验段：1m×1m×4m　　　　　　试验速度：2～100m/s

雷诺数：$6.9×10^6/m$　　　　　　总压：大气压

动压：6.3kPa　　　　　　总温：大气温度

试验段湍流度：

纵向：$U_0 = 0 \sim 60\text{m/s}$ 时，　　　　　$\leqslant 0.04\%$

　　　$U_0 = 60 \sim 100\text{m/s}$ 时，　　　　$\leqslant 0.07\%$

横向：$U_0 = 0 \sim 60\text{m/s}$ 时，　　　　　$\leqslant 0.06\%$

　　　$U_0 = 60 \sim 100\text{m/s}$ 时，　　　　$\leqslant 0.08\%$

2. 风洞概述

T – 124 风洞是一座低湍流度、低噪声、回流式亚声速设备，1970 年建成。T – 124 风洞可连续运行，具有轴向风扇和封闭的试验段。通过特殊的方式可提供均匀的速度场和低湍流度流场，包括采用大收缩比（1:17.6）、较长的扩散段（其扩散角为 2°～3°）、在稳定段前安装多层铜阻尼网、形状可调的导流叶片并将风洞管道内壁面进行精确打磨抛光。除了试验段和风扇之外的所有主要风洞部件都用木材做成，因为木材具有吸收噪声的特性。风洞的方形试验段采用金属制造，侧壁开有试验窗口。沿风洞试验段的边界层增长通过特殊的可变截面垫块修正。

T – 124 风洞是世界上流场品质最好的风洞之一，其气流脉动很小，湍流度接近真实飞行时的大气状态，来流噪声扰动和涡流水平很低，并且可以控制它们的变化。可通过模型表面气流的吹除和抽吸研究流动。设备的功耗低。

3. 试验能力

（1）热线风速计测量边界层和自由来流；

（2）用六分量应变计天平评估试验飞行器及其部件模型的气动特性；

（3）测量模型表面压力分布、试验段壁面压力和差分测压探头的压力；

（4）用不同的光学技术显示层流湍流转捩（LTT）。

T – 124 具有先进的控制和数据采集系统，在试验期间就可以直接进行数据采集和处理。

4. 风洞应用

T – 124 风洞主要用于机理性研究和应用研究，如气动物理、层流湍流转捩、流动分离、气动减阻、分析湍流的发展、涡和分离流的性能以及在微型飞行器领域的研究，部分典型试验见图 2 – 18。

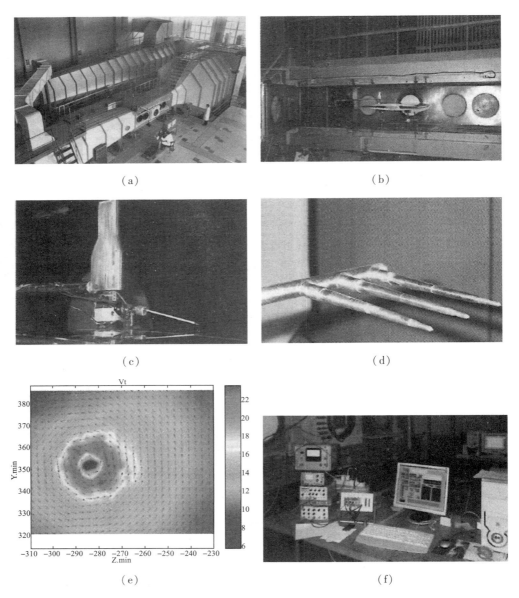

图 2 - 18 T - 124 风洞典型试验

（照片取自 www. tsagi. com，TsAGI 95）

2.9 T - 129 风洞

T - 129 是一座回流式低速风洞，风洞示意图见图 2 - 19。

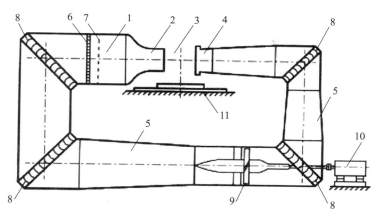

图 2 - 19　T - 129 风洞

1—稳定段；2—喷管；3—试验段；4—扩散段入口；5—回流通道；6—蜂窝器；
7—降湍阻尼网；8—导流转向弯；9—四叶风扇；10—电机；11—转台。

1. 技术参数

试验段：喷管出口直径 1.2m　　　　试验段长度：1.75m

试验速度：8 ~ 80m/s　　　　　　　雷诺数：6×10^6/m

总压：大气压　　　　　　　　　　动压：4kPa

模型旋转角：±180°

2. 风洞概述

T - 129 是一座开口、回流连续式低速风洞。试验气流由功率为 315kW 的电机风扇产生。风洞还配有可调冷气供给装置（最高压力 8atm）和压力测量系统。供气装置可以补充消耗的冷空气，356kW 的电阻加热器可提供温度达 1100K 的热空气，旋转台和移动定位装置可以调节模型位置，测量设备位于试验段内。

该风洞除配有天平外，还有流动显示系统及其他常规测量设备。主要测量设备包括多分量应变天平（包括通气天平）、热电偶、电阻式热探测仪和各种量程的测压探针。试验采用多通道测量，计算机监测、记录、采集和处理试验结果。

T - 129 风洞主要用来研究各种飞机扰流的规律性，包括喷流，可以调节供应试验模型的冷空气和热空气，可以低成本开展气动/气体动力学基础试验。

3. 试验能力

（1）飞机和部件在喷流效应下增强气动特性的引导性试验研究；

（2）喷流力和热效应对起飞和着陆状态飞机部件影响研究；

（3）小尺寸飞机及其部件的气动特性研究；

（4）各种翼型布局（小襟翼、喷气襟翼、合成射流等）的控制方法研究；

（5）各种流场显示方法研究，如激光片光、丝线、烟流等。

4. 风洞应用

T－129 风洞开展了下列试验研究：喷流对分离区、机翼后流动、襟翼的影响以及 Coanda 效应和超循环研究；涡流对喷流、机翼表面、涡破裂的影响；使用小襟翼、格尼襟翼等微作动器研究机翼绕流控制，以及进行了大量新型小尺寸飞机的研究。对多种模型及其尾流进行了流动显示测量，部分典型试验见图 2－20。

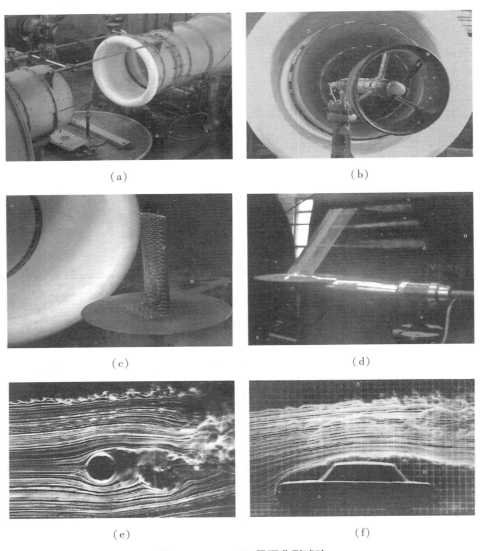

(a)　　　　　　　　　　　(b)

(c)　　　　　　　　　　　(d)

(e)　　　　　　　　　　　(f)

图 2－20　T－129 风洞典型试验

（照片取自 www. tsagi. com，TsAGI 95）

2.10　EU-1 结冰试验台

EU-1 是一座小型结冰研究风洞，风洞示意图见图 2-21。

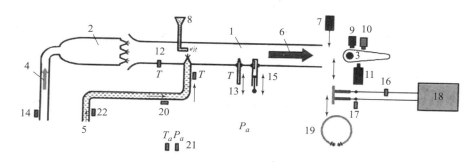

图 2-21　EU-1 结冰试验台

1—气流管道；2—喷射器；3—模型；4—空气；5—水；6—潮湿气流；7—水滴尺寸分布测量计；8—冰晶喷射器；9—摄像机；10—热成像照相机；11—显微镜；12—干燥气流热传感器；13—潮湿气流热传感器；14—空气流量计；15—冲击器；16—电流传感器；17—电压传感器；18—电源；19—液态水测量仪；20—水流热传感器；21—大气温度和压力传感器；22—水流量计。

1. 技术参数

试验段：0.2m×0.2m 试验速度：0~100m/s

高度：海平面 水含量：0.1~3g/m³

水滴直径：15~50μm 气流温度：-40~0℃

2. 风洞概述

EU-1 是一个具有开放试验段的下吹式风洞，该设备只能在冬季运行，低温气流直接由引入的环境冷空气自然产生。低温空气温度降低系统能够使试验在室温 0℃ 以下进行，主要用于物理/化学表面特性对冰形成过程的影响、空气压力传感器防冰系统效率和攻角传感器等。

试验台配备有先进的数据采集和处理系统以及一些测量仪器，主要包括：①流动参数测量系统（速度、温度、液态水含量、粒径）；②模型健康参数测量系统（表面热场、描述模型防冰系统运行特征的参数）；③在积冰环境里视频拍摄以及红外视频拍摄系统（高分辨率照相机）。

3. 试验能力

该试验台能够高效、低成本地进行物理多因素试验和全尺寸航空传感器的研究，如几何参数和流线型表面结构的影响，水吹除与吸除、电场以及超声辐射对冰形成过程的影响；利用显微镜及宏观视频拍摄法研究分散的水滴与表面之间的相互作用、空气压力探针、攻角传感器、积冰探测器等。

4. 风洞应用

EU-1 用于空气压力探针、攻角传感器和积冰探测器电加热系统研究；用于欧洲第7框架项目阻止表面冰形成研究，如洁净天空计划、ICE-TRACK 项目"辅助结冰试验（表面回流结冰特性）"和结冰机理，冰晶体和混合云结冰研究（HAIC 项目"高空冰结晶"）。部分典型试验见图 2-22。

（a）

  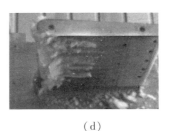

（b）　　　　　　　　（c）　　　　　　　　（d）

图 2-22　EU-1 结冰试验台典型试验

（照片取自 www.tsagi.com，TsAGI 95）

2.11　高空低速风洞

高空低速风洞是一座安装于真空罐中可拆装组合式风洞，风洞示意图见图 2-23。

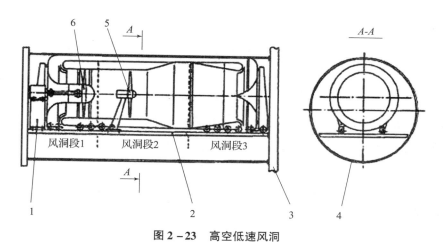

图 2 - 23　高空低速风洞

1—风扇驱动器；2—地板；3—舱盖；4—真空舱；5—试验模型；6—风扇。

20 世纪 90 年代，为满足近空间低速飞行器研制需要，俄罗斯 TsAGI 发展了一种高空风洞，它组装在一个大真空罐中。真空罐直径 13.5m，长 30m，模拟高度 0 ~ 30km。高空风洞采用三段组合式结构，试验前将风洞在大真空罐中组合好。风洞可以对直径 6m 的螺旋桨桨叶进行试验研究，试验段风速 5 ~ 50m/s。

该风洞第一段为风扇段；第二段为试验段；第三段为带有旋转叶片的扩散段。真空罐中装有导轨，风洞各段依次推入并用连接件固定。洞体材料为铝合金。风洞气流的回路由真空罐内壁与风洞组合体外壁构成。风洞驱动电机由特制的高压气冷罩提供冷却。该风洞目前是否在用尚不确定。

第3章 跨声速和超声速风洞设备

20 世纪 40 年代，飞机从螺旋桨动力向喷气动力发展，跨声速和超声速风洞开始建设，并出现了多声速风洞试验设备，如亚/跨声速风洞、亚/跨/超三声速风洞等。为避免重复，本书将按风洞的最高风速来归类。据 2013 年中央航空流体动力研究院网站发布的"TsAGI 95"报告显示，跨声速和超声速风洞有 7 座。此外根据其他文献资料，另有 6 座跨超声速风洞在某个历史时期曾出现过，目前是否尚存不确定。

3.1 TPD – 1000 风洞

TPD – 1000 是一座推进风洞，风洞示意图见图 3 – 1。

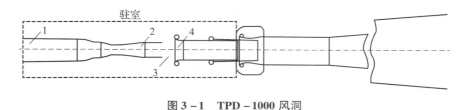

图 3 – 1 TPD – 1000 风洞
1—供气管道；2—喷管；3—模型；4—扩散段。

1. 技术参数

喷管直径：1.06m（$Ma = 0.3 \sim 4.0$）　　喷管直径：0.8m（$Ma = 0.3 \sim 1.15$）

总温：300k　　　　　　　　　　　　　总压：900kPa

动压：230kPa　　　　　　　　　　　　雷诺数：$60 \times 10^6/m$

驻室：直径 4.0m，长度 30.0m　　　　　运行时间：0.5h

2. 风洞概述

TPD – 1000 风洞是一座特种风洞，专门用于飞行器推进系统模型试验，研究发动机进气口、排气喷管及后体空气动力特性。风洞的开口试验段置于埃菲尔室内，有两个喷管，出口直径分别为 1.06m 和 0.8m。直径 1.06m 喷管用于吸气式喷气发动机进气道模型试验；直径 0.8m 的喷管用于集成在后体上的喷管模型试验。这两个喷管 $Ma = 0.3 \sim 1.4$，为了使马赫数达到超声速（马赫数 $Ma = 1.05 \sim 4.0$），可以使用固定喷管。

为向模型提供热气或冷气，该设备同一个辅助系统相连。

　　风洞配备了以下装置：遥控的模型支撑装置，迎角范围 −18°～21.5°，侧滑角范围 −10°～10°；应变天平测量排气喷管的气动特性；配备了节气阀和质量流率测量装置，遥控测量通过进气道模型的气流；光学流动显示系统；实时测量总压、静压、温度、进气道畸变、气动力和力矩的专用装置。

3. 试验能力

（1）大尺度进气道模型或全尺寸小推进系统模型的试验，最大马赫数可达 4；

（2）与飞行器一体化的进气道模型试验，迎角可达 50°；

（3）通过进气管的空气喷流模拟发动机在任何旋转速率的工况；

（4）与机身尾部分离或一体的喷管模型试验；

（5）推力反向和推力矢量控制研究；

（6）喷流和机体部件相互作用的研究。

4. 风洞应用

　　俄罗斯/苏联几乎所有飞机和巡航导弹的进气道和喷管模型都在 TPD − 1000 风洞进行过试验。部分典型试验见图 3 − 2。

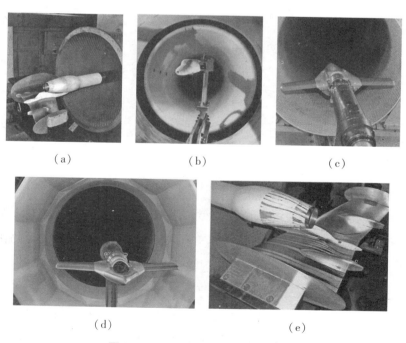

（a）　　　　　　　　（b）　　　　　　　　（c）

（d）　　　　　　　　　　　（e）

图 3 − 2　TPD − 1000 风洞典型试验

（照片取自 www.tsagi.com，TsAGI 95）

3.2 T-106 风洞

T-106 是一座连续式跨声速风洞，风洞示意图见图 3-3。

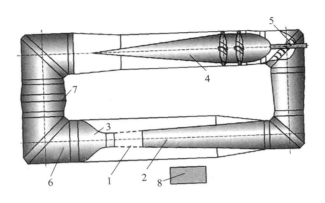

图 3-3 T-106 风洞

1—试验段；2—扩散段；3—收缩段；4—动力风扇段；5—可调导流片；
6—稳定段；7—冷却器；8—操作间。

1. 技术参数

试验段：直径 2.48m，长度为 4.85m。试验段截面为 24 边型，洞壁开闭比为 15%

马赫数：0.15～1.1（$P_0 = 20 \sim 100\text{kPa}$）   雷诺数：$35 \times 10^6/\text{m}$

总压：50～500kPa   动压：58kPa

总温：290～330K   攻角范围：$-10° \sim 23°$，$0° \sim 33°$

模型尺寸：翼展 2.1m，机身长 2.2m，机翼面积 0.5m^2，模型质量 200kg

2. 风洞概述

1943 年，T-106 风洞建成投入使用。T-106 风洞是一座连续式、变密度、回流亚/跨声速风洞，试验段横截面为圆形，为减少洞壁干扰，提高试验风速，1949 年和 1952 年对风洞进行了技术改造，把原实壁试验段（亚声速）改为开闭比 15% 的开孔壁试验段，试验速度拓展到跨声速，风洞驱动电机功率 32000kW。

风洞配备以下设备：六分量机电式天平；迎角机构和两种模型支撑装置；压力扫描阀测压系统；应变天平测力系统；喷流模拟系统；光学测量与观察装置；用于边界层转捩研究的测温系统；大迎角试验装置。

六分量机电式天平的量程为：升力 -1000～2000kg；阻力不大于 500kg；侧

力 – 100 ~ 250kg；俯仰力矩 – 240 ~ 400kg·m；滚转力矩 – 120 ~ 180kg·m；偏航力矩 – 160 ~ 240kg·m。

　　试验测量精度为：马赫数 ± 0.001；动压 ± 4kg/m²；迎角 ± 0.0056°；升力系数 ± 0.0015；阻力系数 ± 0.0001；俯仰力矩系数 ± 0.001。

　　T – 106 风洞试验成本低，能进行大气动载荷试验；具有增压能力，试验雷诺数高。

3. 试验能力

（1）巡航条件下，整个飞行器模型的配平试验；

（2）高雷诺数起飞和着陆条件下，带高升力装置的飞行器模型配平试验；

（3）利用应变天平评估模型部件载荷；

（4）压力分布试验；

（5）利用丝线和油流进行模型表面流动显示；

（6）通过发动机进气模拟研究进气道模型；

（7）研究气动弹性和颤振；

（8）半模试验；

（9）主动流动控制模型试验；

（10）结冰模拟构件试验；

（11）尾支杆模拟件试验。

4. 风洞应用

　　T – 106 风洞是 TsAGI 最繁忙的空气动力学设备之一，主要用于亚、跨声速范围的飞行器研究。开展的型号研究有"雅克" – 3、"幼婴"喷气式歼击机，"米格" – 9 喷气式歼击机、"图" – 160 变后掠翼战略轰炸机、"图" – 22M 变后掠翼导弹载机、"图" – 134、"WC" – 21 第五代飞机和 RRJ 短程干线飞机等。部分典型试验见图 3 – 4。

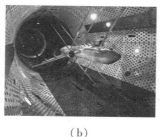
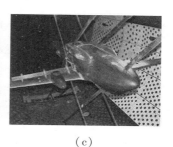

　　　　（a）　　　　　　　　　　（b）　　　　　　　　　　（c）

图 3 – 4　T – 106 风洞典型试验

（照片取自 www. tsagi. com，TsAGI 95）

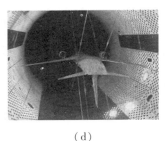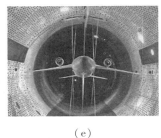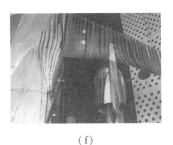

（d）　　　　　　（e）　　　　　　（f）

图 3-4　T-106 风洞典型试验（续）

（照片取自 www.tsagi.com，TsAGI 95）

3.3　T-107 风洞

T-107 是一座连续式跨声速风洞，风洞示意图见图 3-5。

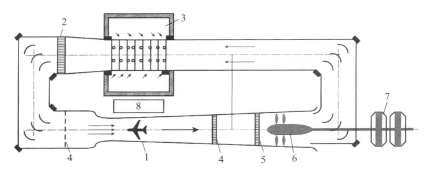

图 3-5　T-107 风洞

1—试验段；2—蜂窝器；3—混合室；4—降湍阻尼网；5—风扇防护网；6—同轴风扇；7—电机；8—操作间。

1. 技术参数

试验段：2.7m×3.5m（直径×长，喷管出口截面为圆形）

马赫数：0.1～0.86　　　　　雷诺数：14.5×10⁶/m

总压：大气压力　　　　　　动压：35kPa

总温：280～323K　　　　　迎角范围：-8°～14.5°

最大试验模型：翼展1.8m，机身长2.2m，机翼面积0.5m²，模型最重200kg

2. 风洞概述

T-107 风洞是一座亚/跨声速连续式回流风洞，1950 年建成，主要用于飞机和飞机螺旋桨模型的试验，也接受工业空气动力试验和其他任务。风洞配备有四分量机电天平测量模型的气动力和力矩。风洞来流初始涡量低，试验段为实壁，壁面开有测压孔。风洞的驱动功率为 9000kW，由于驱动动力低并采用空气冷却，因此试验成本低。

T - 107 风洞主要用于研究高速风扇（也被用作特种风扇试验设备）、飞机模型及其部件的气动力特性研究，是 TsAGI 唯一用于巡航飞行对转螺旋桨研究的高速风扇试验台。模型主要支撑方式为张线式条带悬挂支撑，能将模型几何失真降到最低。

3. 试验能力

（1）利用 VP - 107 试验台评估单个风扇和对转同轴风扇气动特性；

（2）用天平和应变计评估模型的总气动系数；

（3）评估排气口压力分布；

（4）机理研究（升华方法，油流等）；

（5）其他类型的机理研究。

4. 风洞应用

"图" - 95、"安" - 22、"安" - 70 等飞机发动机及其增强型号都在 T - 107 风洞进行过试验。欧洲第 7 框架计划（FP7）的"梦幻"客机也在该风洞中进行了大量巡航飞行状态试验。研究了高速对转螺旋桨风扇的推力和力矩特性、桨叶载荷、桨叶应力、桨叶压力分布、近场桨叶噪声和外挂发动机的影响。开展过直升机外形性能等相关试验。部分典型试验见图 3 - 6。

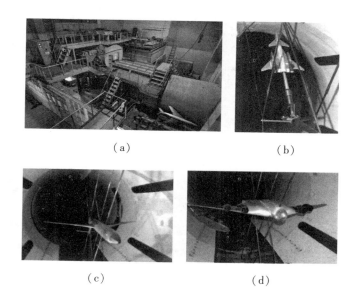

（a）　　　　　　　　　（b）

（c）　　　　　　　　　（d）

图 3 - 6　T - 107 风洞典型试验

（照片取自 www. tsagi. com，TsAGI 95）

（e）   （f）

图 3 - 6　T - 107 风洞典型试验（续）

（照片取自 www. tsagi. com，TsAGI 95）

3.4　T - 109 风洞

T - 109 是一座三声速风洞，风洞示意图见图 3 - 7。

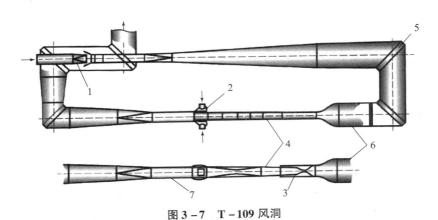

图 3 - 7　T - 109 风洞

1—增压引射器；2—吸气引射器；3—可调喷管；4—试验段；

5—导流片；6—稳定段；7—超声速扩散段。

1. 技术参数

试验段：2.25m×2.25m×5.5m　　　马赫数：0.4～4.0

雷诺数：$60×10^6/m$　　　　　　　　总压：80～560kPa

动压：140kPa　　　　　　　　　　　总温：室温

迎角范围（α）：-5°～15°　　　　侧滑角范围（β）：-9°～3°

运行时间：15min

最大试验模型：翼展 1.5m，机身长 2.0m

2. 风洞概述

1948—1953 年，中央航空流体动力研究院在 C·A·赫里斯季安诺维奇的领导下，在风洞部件试验研究的基础上，建造了一系列连续式和暂冲式超声速风洞，其中就包括 T-109 风洞。1950 年 T-109 动工，1953 年世界上独一无二的 T-109 投入运行，标志着中央航空流体动力研究院超声速综合工程完成。

T-109 是一座变密度、暂冲式、半回流亚/跨/超声速风洞。风洞具有反向通道、两个引射器和可调超声速扩散段。风洞气流由储气罐提供，储气罐最高压力 12atm，空气流量 1000kg/s，高压供气装置压力 100atm，发动机喷流模拟试验气源压力 300atm。马赫数 $Ma = 1.0$ 时，湍流度小于 1%。流场均匀度 0.5% ~ 1%。

风洞试验段可以是实壁，也可以是开孔壁。当马赫数在 1.7 以下时，风洞使用开孔壁试验段，上下水平壁开孔率 0 ~ 18%，垂直壁开孔率 0 ~ 65%，孔径 40mm，在这种工作状态下使用引射器，可减少供气系统储气罐中约一半的压缩空气消耗量。马赫数大于 1.7 后，T-109 风洞工作模式为冲压式，安装在超声速扩散段后的第二级引射器保证启动增压比，以实现马赫数达到 4.0。

风洞试验模型的支撑方式有三种：常规尾支撑（弧形弯刀）、张线式支撑和侧壁支撑。张线式支撑用于纵向试验；侧壁支撑用于半模试验；用得最多的是尾支撑，纵、横向试验都可以。流场由一套可更换的固定喷管和可调喷管实现。

T-109 风洞装备有六分量应变天平、四分量电动机械天平、一系列专用应变天平、压力分布测量装置、光学物理研究装置、发动机喷流模拟系统和其他试验设备。

风洞具有多模块测量系统，完全实现了自动化，可自动控制马赫数 Ma、雷诺数 Re、α、β 参数，试验数据可实时输出。压缩空气供气系统可模拟不同类型的发动机喷流。自动悬挂遥控装置可用于研究外挂分离过程。

3. 试验能力

（1）模型及其部件气动特性研究；

（2）发动机喷流模拟试验（流量 250kg/s，冷喷 $P_0 = 300$atm，热喷 $P_0 = 70$atm，$T = 2000°C$）；

（3）飞机模型的静态和动态气动弹性，如颤振、抖振、发散和反向；

（4）进行货物—托架分离气动特性研究，研究外挂分离过程；

（5）模拟飞机武器舱内的流动；

（6）测量模型表面脉动压力（$f = 0 \sim 20\,\text{kHz}$）；

（7）研究雷诺数对飞行器气动性能的影响；

（8）其他机理研究。

4. 风洞应用

T – 109 风洞独特的能力使它可以广泛用于各种航空模型、火箭和太空飞行器及其结构部件的试验研究，如"图"– 144、"X"– 35 亚声速反舰导弹、"暴风雪"航天飞机等。部分典型试验见图 3 – 8。

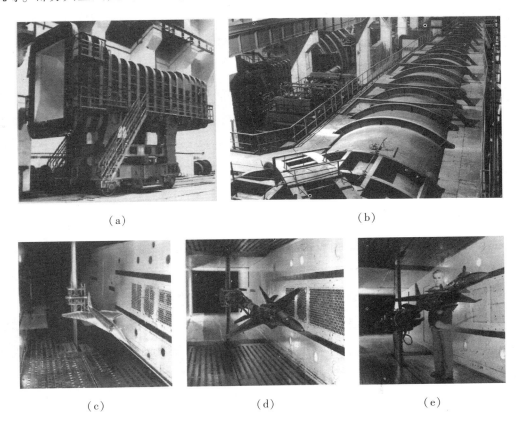

（a）　　　　　　　　　　　　（b）

（c）　　　　　　　（d）　　　　　　　（e）

图 3 – 8　T – 109 风洞典型试验

（照片取自 www. tsagi. com，TsAGI 95）

3.5　T – 128 风洞

T – 128 是一座连续式跨声速风洞，风洞示意图见图 3 – 9。

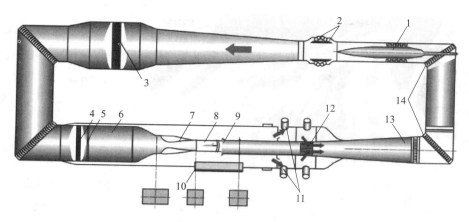

图 3 - 9　T - 128 风洞

1—压缩机；2—进排气系统；3—冷却器；4—蜂窝器；5—降湍阻尼网；6—稳定段；7—可调喷管；8—试验段；9—调节板；10—试验段舱门；11—驻室抽气装置；12—抽气系统阀门；13—扩散段；14—可调导流片。

1. 技术参数

试验段：$2.75\text{m} \times 2.75\text{m} \times 12\text{m}$　　　马赫数：$0.15 \sim 1.7$

雷诺数：$41 \times 10^6/\text{m}$　　　湍流度：$0.08\% \sim 0.3\%$（$Ma \leqslant 0.8$）

总压：$20 \sim 400\text{kPa}$　　　动压：80kPa

总温：$293 \sim 323\text{K}$　　　马赫数偏差：0.005

迎角范围（α）：$-30° \sim 55°$　　　侧滑角范围（β）：$\pm 15°$

运行时间：连续

最大试验模型：翼展 2.2m，机身长 3m

2. 风洞概述

20 世纪 60 年代初，在中央航空流体动力研究院开展了建造大型连续式跨声速风洞的科研和设计工作。1968 年根据中央航空流体动力研究院向航空工业部递交的申请，政府颁布了关于在茹科夫斯基市建造 T - 128 风洞的决议。1982 年 T - 128 风洞建成，1983 年进行首次吹风试验。它的建筑面积 14592m²，工艺设备制造和土建安装累计耗资 2.2 亿卢布，设计与建造周期长达 15 年。

T - 128 风洞是一座连续变密度回流式跨声速风洞，风洞长 121.5m，宽 40.5m，洞体轴线标高 8.1m。风洞安装于长 160m、宽 64m 的主厂房内，试验大厅有一个 12m² 的安装平台，用于试验段和喷管的组装，辅助厂房长约 64m、宽约 64m。

T-128 风洞的试验段横截面为方形，设计有四个可更换的试验段，其中三个四壁开孔，壁面开孔率 0～18%，第四个四壁为开槽式壁板，开闭比 0～14%。试验段更换大约需要 2h。T-128 风洞在世界上首次采用了试验段洞壁四壁面、多段可调开孔的形式。试验段周边有抽气系统，抽气量 5%～7%，最大抽气容积流量 325m³/s，能够将洞壁边界层干扰降到最低。风洞试验段具有各种支撑装置，如尾支撑、背撑、张线支撑、侧壁或上壁半模支撑等。

风洞气流由四级轴流式压缩机产生，直径为 5.6m 并有 5 级导流片，以保证空气最大容积流量达到 2500m³/s，最大压缩比达到 1.7。四台直流电机驱动主压缩机，其总功率达到 100MW，转速为 750r/min。变密度试验用的辅助压缩机功率为 40MW。风洞总功率 140MW。

T-128 风洞，包括试验系统、动力系统及工程/技术系统都采用各种类型和级别的计算机进行自动控制。风洞装备了高效、多通道、快速的高精度测量系统，各种内式和外式应变天平可测量模型及结构部件的气动力和力矩。

3. SKM-128 阻尼导数动态试验台

SKM-128 动态试验台是 T-128 风洞的一个重要试验装置，见图 3-10。技术参数如下：

初始振幅：2°3°   振荡频率：8～20Hz

迎角范围（α）：-10°～20°   侧滑角范围（β）：-10°～10°

试验模型：重 10kg，翼展 0.5m； 机翼面积：0.15m²

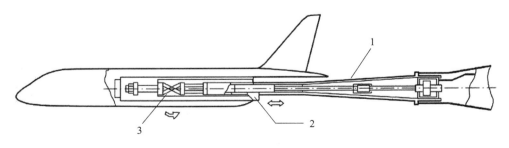

图 3-10　SKM-128 阻尼导数动态试验台

1—自动支架架装置；2—模型气动加载/卸载装置；3—柔性铰链和应变天平。

SKM-128 试验台用于测量各种跨/超声速模型的旋转和非定常气动导数。动导数测量采用柔性铰链轴上一维自由振荡技术。当振动时，内式应变天平测量作用在模型上的气动力和力矩。模型瞬态倾角由附在柔性铰链轴上的应变计测量。铰链轴提供相对模型体轴的俯仰、偏航和滚转振动。试验台配有一系列不同的柔性铰链轴，它们的刚度不同，以此改变振动频率。风洞的 α 机构可以在一次运行内改变迎角和侧滑角。该试验台试验准备时间短，模型运动动力学参数测量精度高，可以在自动模式下对每个迎角进行大量重复测量。

试验时，模型在柔性铰链上以小振幅沿着三个体轴方向（滚转、偏航、俯仰）之一自由振荡。数据处理过程记录下所有主要的气动特征值并获得以下动导数：

俯仰：

$$C_{z_a}, \quad C_{z_q} + C_{z_{\dot{a}}}, \quad C_{m_q} + C_{m_{\dot{a}}}$$

滚转：

$$\begin{cases} C_{y_\beta}\sin\alpha, & C_{y_p} + C_{y_{\dot\beta}}\sin\alpha \\ C_{l_\beta}\sin\alpha, & C_{l_p} + C_{l_{\dot\beta}}\sin\alpha \\ C_{n_\beta}\sin\alpha, & C_{n_p} + C_{n_{\dot\beta}}\sin\alpha \end{cases}$$

偏航：

$$\begin{cases} C_{y_\beta}\cos\alpha, & C_{y_r} - C_{y_{\dot\beta}}\cos\alpha \\ C_{l_\beta}\cos\alpha, & C_{l_r} - C_{l_{\dot\beta}}\cos\alpha \\ C_{n_\beta}\cos\alpha, & C_{n_r} - C_{n_{\dot\beta}}\cos\alpha \end{cases}$$

4. 试验能力

（1）测量各种类型飞行器大尺寸模型的气动特性；

（2）测量模型表面压力分布；

（3）分离体（或外挂物）和主机之间的干扰及多体干扰研究；

（4）发动机进气道和喷管研究；

（5）飞行器模型的静态和动态气动弹性研究；

（6）阻尼导数研究；

（7）雷诺数对飞行器气动特性影响研究；

（8）颤振研究；

（9）机理研究（模型表面的流动可视化）。

5．风洞应用

T－128 风洞广泛用于各种类型的飞行器、火箭等模型的试验研究，如"苏"－27、"米格"－29、"安"－225、"伊尔"－96、"图"－204、"暴风雪"号等都在这个风洞中进行过研究。部分典型试验见图 3－11。

（a）　　　　　　　　　　　　　　　　（b）

（c）　　　　　　　　（d）　　　　　　　　（e）

（f）　　　　　　　　（g）　　　　　　　　（h）

图 3－11　T－128 风洞典型试验

（照片取自 www. tsagi. com，TsAGI 95）

3.6　T－131V 直连式试验台

T－131V 直连式试验台是 T－131 综合试验设备组成之一，见图 3－12，用于高速冲压发动机燃烧室和部件模型直连进气道试验。T–131 综合试验设备包含的另一座风洞是 T–131B 高超声速风洞。T–131 综合试验设备可以模拟全尺寸飞行马赫数到 7，模拟飞行高度 35km。模拟气流马赫数 2～10，总压 11MPa，总温 2350K。T–131 可开展高速冲压发动机、超声速和亚声速燃烧室、高超声速进气道、高速飞行器模型、燃烧机理、结构材料等研究。

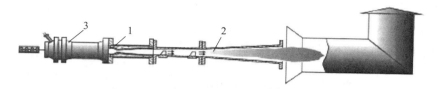

图 3–12　T–131V 直连式试验台

1—喷管；2—燃烧室；3—空气加热器。

1. 技术参数

试验段：矩形喷管 0.1×0.1，0.04×0.1，0.03×0.1m

　　　　圆形喷管直径 0.074m，0.148m，0.1m

马赫数：≤4.0　　　　　　　　雷诺数：$10×10^6/m$

总压：11MPa　　　　　　　　总温：2350K

模型长度：3m

2. 风洞概述

T–131V 气动试验台用于高速喷气式发动机燃烧室的工作过程研究。试验通过带气体火焰前部加热的空气通道连接气流增氧装置的方式进行。试验台配备了各种压力、温度、热流、气体和液体消耗等测量系统和仪器，流场显示设备有光学托普勒设备、快速录像系统、热红外成像和近红外成像装置。可以用光学诊断技术开展试验测量，如发散光谱、激光吸收光谱、激光诱导荧光等。

该设备能给高速喷气式发动机燃烧室输入对应空气中氧含量水平的来流，获得模拟压力、总温和马赫数的高焓气流通量；可开展气态氢燃料试验、气态和液态碳氢燃料试验、高温裂解产物和碳氢燃料转换的试验、固态燃料试验。

3. 试验能力

（1）冲压发动机模型工作过程的调试和研究；

（2）亚声速和超声速气流中不同类型燃料的汽化和燃烧研究；

（3）碳氢燃料热—化学转化研究；

（4）飞行器动力装置底部燃烧过程研究；

（5）热防护材料和结构材料试验；

（6）推进和飞行器结构热防护系统试验。

4. 风洞应用

T-131V 气动试验台用于冲压发动机燃烧室、火箭—冲压发动机、燃烧室点火过程和热防护材料的研究。部分典型试验见图 3-13。

（a）

（b）　　　　　　　　　　　　　　（c）

图 3-13　T-131V 直连式试验台典型试验

（照片取自 www.tsagi.com，TsAGI 95）

3.7　GGUM 风洞

GGUM 风洞是一座射流风洞，风洞示意图见图 3-14。

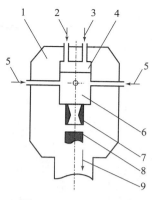

图 3 – 14　GGUM 风洞

1—压力舱；2—供氧管道；3—供燃料管道；4—燃烧室；5—供氮气管道；
6—混合室；7—喷管；8—模型；9—至引射器。

1. 技术参数

马赫数：1 ~ 4

总压：2 ~ 5MPa

运行持续时间：2.5 ~ 5s

气体流量：0.5 ~ 3kg/s

喷管直径：7 ~ 40mm

雷诺数：$(1 ~ 5) \times 10^6$

总温：1000 ~ 2700K

运行间隔：0.5h

试验段（压力舱）：直径 1.5m，高 3m

模型尺寸：0.5m

2. 风洞概述

GGUM 风洞是一种短时间运行的喷射型设备，风洞由安装在高压舱中的高温射流装置构成，用于研究射流的热和气动力对结构部件的影响。在氧气里燃烧的乙烷基酒精排放物形成射流。燃烧产物或其与空气的混合物用作工作介质。空气引射器用于压力舱抽吸。

GGUM 风洞的控制系统能够保持试验所需的气流压力和温度。先进的计算、测量和控制综合设备对试验结果进行监控、记录、采集与处理。

GGUM 风洞能够提供与真实喷流参数最为相似的高温射流。

3. 试验能力

（1）当使用模型时，确定从不同几何外形的喷管排放的高温射流的参数；

（2）当使用量热式模型时，确定直接来自高温射流指向结构表面的当地热流；

（3）测量由于高温射流效应，在模型结构部件表面形成的压力分布；

（4）利用托普勒纹影系统显示模型周围流场，并用高速摄像机记录。

4. 风洞应用

GGUM 风洞使得采用小缩尺模型能够获得射流热和力对启动和发射装置影响的实际数据。部分典型试验见图 3 – 15。

（a）　　　　　　　　　　　（b）

（c）　　　　　　　（d）　　　　　　　（e）

图 3 – 15　GGUM 风洞典型试验

（照片取自 www. tsagi. com，TsAGI 95）

3.8　T – 04 低温风洞

T – 04 低温风洞是一座引导性风洞，见图 3 – 16。风洞形式为闭口回流式跨声速低温风洞，试验气体介质为氮气，采用液氮冷却，液氮容积 $10m^3$。风洞主要设计参数：试验段尺寸 $0.2m \times 0.2m \times 0.7m$，马赫数 $0.1 \sim 1.15$，雷诺数 $1.8 \times 10^7/m$，总压 $(1 \sim 6.5) \times 10^5 Pa$，总温 $100 \sim 300K$，运行时间 1.5h，喷管收缩比 7.1:1。

在 $Ma = 0.1 \sim 0.95$ 范围内，稳定段温度脉动常温时不超过 0.1%，低温时不超过

0.3%。风洞配有试验废气再生设备，通过降温、除湿、除碳等回收氮气，减少对环境影响。该风洞目前是否在用不确定。

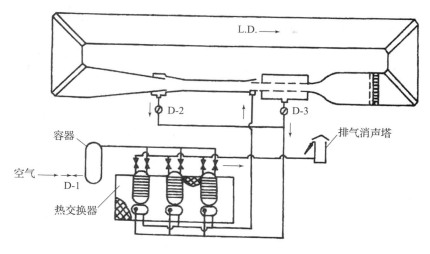

图3-16 T-04低温风洞

3.9 T-33超声速风洞

T-33风洞建成于1959年，是一座暂冲式超声速风洞，喷管直径0.3m，试验马赫数为3，4，5，雷诺数（9~2.4）×10⁶/m。气流采用煤油加热器加热，驻点温度可达750K，总压8×10⁵Pa。1973年，加热器改造为电阻式。该风洞主要用于热传导及试验方法研究。该风洞目前是否在用不确定。

3.10 T-112跨声速风洞

T-112风洞建成于1947年，是一座暂冲式跨声速风洞，风洞试验段首次采用了开孔壁，试验段尺寸0.6m×0.6m，试验马赫数0.6~1.25、1.5、1.75。该风洞主要用于选型或部件的低成本快捷试验研究。该风洞目前是否在用不确定。

3.11 T-114三声速风洞

T-114风洞建成于1952年，1965年进行过改造，是一座暂冲式亚/跨/超三声速风洞，风洞试验段采用开孔壁，试验段尺寸0.6m×0.6m×1.9m，试验马赫数0.3~1.2、1.5、1.75、2.0、2.25、2.5、3.0、3.25、4.0，雷诺数（6~20）×10⁶/m。该风洞同 T－112、T－113 一样主要用于选型或部件的低成本快捷试验研究。该风洞目前是否在用不确定。

3.12 T－125 三声速风洞

T－125 风洞建成于 1970 年，是一座变密度亚/跨/超三声速风洞，风洞试验段尺寸 $0.2m \times 0.2m$，试验马赫数 $0.3 \sim 1.1$、$1.1 \sim 4.0$，雷诺数 $(3.6 \sim 6.6) \times 10^6/m$，驻室压力最高可达 $10 \times 10^5 Pa$。试验马赫数小于 2 时，驻室压力 $5 \times 10^5 Pa$；试验马赫数大于 2 时，驻室压力 $8 \times 10^5 Pa$。该风洞湍流度低，主要用于一些气动机理研究性工作。该风洞目前是否在用不确定。

3.13 T－134 低温风洞

T－134 风洞是一座计划建设的引导性低温风洞，见图 3－17。风洞形式为闭口回流式跨声速低温风洞，试验气体介质为氮气，采用液氮冷却，风洞电机功率 6MW。风洞主要设计参数：试验段尺寸 $0.625m \times 0.625m \times 2m$，马赫数 $0.2 \sim 1.2$，雷诺数 $3.5 \times 10^8/m$，总压 $(1 \sim 9) \times 10^5 Pa$，总温 $80 \sim 320K$，运行时间 30min。TsAGI 曾计划以此风洞为引导性风洞，开展相关低温风洞技术研究工作，为以后建设 2.5m 大型低温风洞提供技术支撑。该风洞目前是否在用尚不确定。

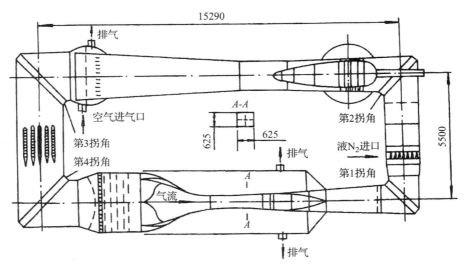

图 3－17 T－134 低温风洞示意图

第4章 高超声速风洞设备

20 世纪 50 年代，随着航天飞行器和导弹等武器装备发展，高超声速风洞开始建设，据 2013 年中央航空流体动力研究院网站发布的"TsAGI 95"报告显示，高超声速风洞有 9 座。此外根据其他文献资料，另有 10 座高超声速风洞在某个历史时期曾出现过，而目前是否尚存不确定。

4.1 T－116 风洞

T－116 风洞是一座暂冲式超声速和高超声速风洞，风洞示意图见图 4－1。

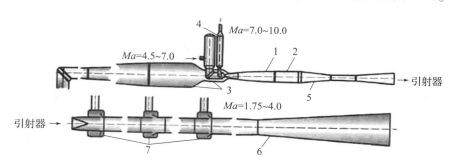

图 4－1　T－116 风洞

1—超声速喷管；2—试验段；3—可更换的稳定段；4—电阻式加热器；5—超声速扩散段；
6—排气扩散段；7—引射器系统。

1. 技术参数

试验段：$1m \times 1m \times 2.35m$　　　马赫数：$1.8 \sim 10.0$

雷诺数：$(242) \times 10^6/m$　　　总压：$110 \sim 8000kPa$

动压：$8 \sim 120kPa$　　　总温：$290 \sim 1075K$

迎角范围（α）：$-6° \sim 30°$（$60°$）　　侧滑角范围（β）：$-4° \sim 9°$

运行时间：$300s$

最大试验模型：飞机模型长 $1m$，机翼面积 $0.12m^2$，翼展 $0.5m$，机身中部直径
　　　　　　　$0.12m$。大展弦比小尾翼导弹模型长 $1m$，中部直径 $0.25m$。再入
　　　　　　　飞行器模型长 $0.6m$，中部直径 $0.2m$。

2. 风洞概述

1958—1962 年，在广泛的理论与试验研究基础上，中央航空流体动力研究院第二试验室建成了 T-116 暂冲式风洞，1971 年，该风洞建设获得苏联国家奖。T-116 风洞为超声速和高超声速暂冲式风洞，具有封闭的方形试验段和可调超声速扩散段，储气罐中的压缩空气经过三级吸气引射器后，再通过锥形亚声速扩散段，从扩散段出来的空气经过消音室排放到大气中。风洞有三个可变换的气流回路，一个为超声速回路，马赫数范围 1.8 ~ 4.0，另外两个为高超声速回路，马赫数范围分别为 5 ~ 7 和 7 ~ 10。高超声速回路装有电阻式加热器。风洞连续运行时间不少于 5 ~ 8min。

风洞配备有可更换的 12 个喷管，对应马赫数为 1.75，2.0，2.5，3.0，3.5，4，5，6，7，8，9，10。$Ma = 1.75 ~ 4$，来流不加热；$Ma = 4.5 ~ 7$，来流采用带式加热器加热；$Ma = 7 ~ 10$，来流采用管式加热器加热。

风洞配有两个气源系统：一个是压力 12atm，容积 60000m³（用于马赫数 7 以下）；另一个是压力 200atm，容积 120m³（用于马赫数 7 以上）。

风洞采用一个六分量电动机械式天平和一套应变式天平测量模型的力和力矩。利用压力传感器测量模型表面的压力分布。

T-116 风洞的技术优势：在很宽的马赫数范围内雷诺数接近真实值；拥有大攻角机构（28° ~ 60°），模型快速插入系统；配有喷流模拟装置；有遥控模型控制面变角度装置技术，带冷却防护的测量仪器遥控模型方向舵偏转；采用液态和气态氮气混合物冷却模型系统。

3. 试验能力

（1）模型和部件的气动特性试验；

（2）飞行器模型的内流和发动机喷流模拟研究；

（3）飞行器结构部件分离的相互影响研究；

（4）超声速和高超声速飞行器控制方法研究；

（5）通过飞行器模型表面深度冷却研究边界层层流化；

（6）模型表面的压力和热流分布测量；

（7）其他机理研究（阴影、色线、拍摄等）。

4. 风洞应用

利用 T-116 风洞针对超声速和高超声速飞机、导弹、航天器及其部件模型开展了广泛的研究。此外，T-116 还进行颤振试验以及飞机和导弹在超声速与高超声速环境的进气道试验。部分典型试验见图 4-2。

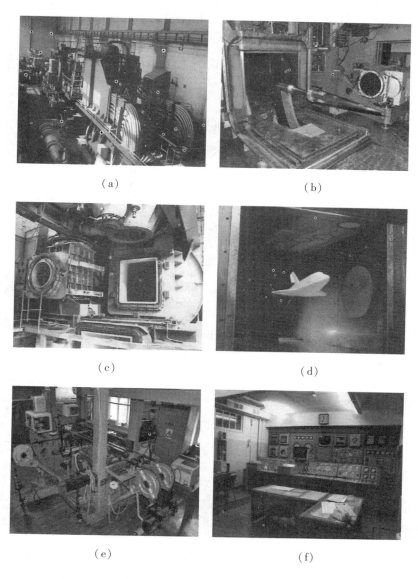

（a）　　　　　　　　　　　（b）

（c）　　　　　　　　　　　（d）

（e）　　　　　　　　　　　（f）

图 4-2　T-116 风洞典型试验

（照片取自 www.tsagi.com，TsAGI 95）

4.2　T-117 风洞

T-117 风洞是一座暂冲式高超声速风洞，风洞示意图见图 4-3。

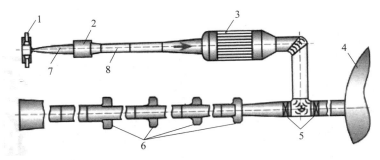

图 4 – 3   T – 117 风洞

1—电弧加热器；2—试验段；3—热交换器；4—真空罐；5—截止阀；

6—引射器；7—喷管；8—超声速扩散段。

1．技术参数

喷管直径：1m

马赫数：7.5 ~ 18.6

总压：0.8 ~ 20MPa

总温：600 ~ 3400K

迎角范围（α）：$-5° \sim 50°$，$-25° \sim 30°$，$-25° \sim 80°$

侧滑角范围（β）：$\pm 30°$

试验段驻室：长 2.5m，宽 2.4m，高 1.9m

雷诺数：$(0.15 \sim 8.5) \times 10^6$/m

动压：12kPa

运行时间：30 ~ 180s

最大试验模型：长 1m，翼展 0.4m

2．风洞概述

T – 117 是一座开环回路、循环运行的高超声速暂冲式风洞，1963 年完成设计，1964 年开始动工，1974 年才建成。在建成之前，中央航空流体动力研究院研制了高超声速引导性风洞 T – 122、T – 123 和 T – 34，主要用于火箭和航天器及其部件模型的气动热力学特性研究。

该风洞有一套轴对称高超声速型面喷管，出口直径为 1m，试验马赫数和雷诺数范围较大。压缩空气从 28MPa 压力的储气罐中流出，通过风洞稳定段，被功率为 25MW 的电弧加热器加热到指定温度。风洞还拥有一个四级超声速引射器系统和一个真空系统，以便提供负压和所需的真空度。

T – 117 风洞有两套系统可以产生试验所需的真空条件，大大增强了风洞的试验能力。使用引射器系统一次试验持续时间接近 3min，使用真空容器为 1.5min。

风洞试验段由一个带冷却壁的埃菲尔室包裹（驻室），并装有两套支撑系统，可以在一次运行中快速插入模型并改变其姿态和位置。试验段壁面有光学窗口，可以用不同的方法直接观察气流中的模型并录像记录。

　　风洞还配备有高速测量信息系统，包括用于测量模型及其部件气动载荷的应变天平、压力与温度传感器、流动显示光学设备，以及利用计算机设备的信息采集与处理系统。试验过程自动化，输出信息以表格和曲线图的形式给出。

3. 试验能力

（1）测量飞行器及其部件模型的气动特性；

（2）测量模型尾迹；

（3）测量模型表面定常和非定常压力分布；

（4）利用温度测定方法和传感器测量模型表面的热流分布；

（5）其他机理研究（阴影和干涉方法流场显示、利用点油流法显示流动边界线等）。

4. 风洞应用

　　T-117 风洞可以在接近飞行条件下进行各种高超声速飞行器（火箭和航天器）的气动力与热特性研究。部分典型试验见图 4-4。

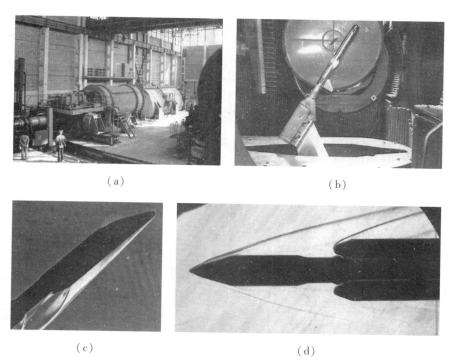

（a）　　　　　　　　　　　　　　　　（b）

（c）　　　　　　　　　　　　　　　　（d）

图 4-4　T-117 风洞典型试验

（照片取自 www.tsagi.com，TsAGI 95）

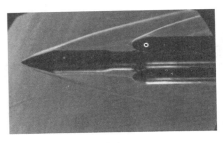 

（e）　　　　　　　　　　　　　　　　（f）

图 4 - 4　T - 117 风洞典型试验（续）

（照片取自 www. tsagi. com，TsAGI 95）

4.3　T - 121 风洞

T - 121 风洞是一座暂冲式高超声速风洞，风洞示意图见图 4 - 5。

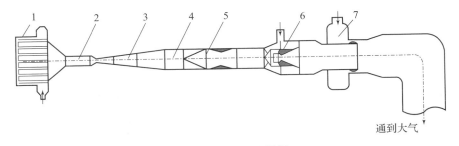

通到大气

图 4 - 5　T - 121 风洞

1—加热器；2—稳定段；3—喷管；4—试验段；5—超声速扩散段；6——级引射器；7—二级引射器。

1. 技术参数

试验段：0.2m × 0.2m 或直径 0.2m，长 0.35m

马赫数：4 ~ 9　　　　　　　　雷诺数：$(5 \sim 50) \times 10^6 / m$

总压：0.2 ~ 9.6MPa　　　　　　动压：11 ~ 84kPa

总温：290 ~ 960K　　　　　　　迎角范围（α）：- 20° ~ 20°

侧滑角范围（β）：- 6° ~ 6°　运行时间：20min

试验介质：空气　　　　　　　　最大试验模型：长 0.35m，宽 0.06m

2. 风洞概述

为了验证未来大型高超声速风洞 T - 116 的主要参数和原理，中央航空流体动力研究院第二试验室按经典方案（试验气体为空气）研制了小型研究型风洞 T - 120 和 T - 121。T - 121 风洞 1958 年建成，是一座开环、可周期性运行的超声速和高超声速设备。

风洞配备有方形封闭试验段、两级引射器系统、电阻加热器和不可调超声速扩散段。压缩空气从储存罐中流出，试验后排放到大气。

型面喷管的后段延伸部分作为试验段。风洞配有一系列可更换的喷管，以产生不同的马赫数。当马赫数小于 7 时，使用方形喷管；当马赫数不小于 7 时使用轴对称喷管。

风洞配备了三分量和六分量应变计天平测量模型及其部件的力和力矩，以及数据采集和处理系统。流场显示设备为 IAB - 451 阴影测量仪。

风洞具有较高的速度场和温度场均匀度。雷诺数在一次运行中可以大范围变化。在压力分布试验和流场显示中，模型迎角可以在 - 20° ~20° 之间变化。通过模型喷管喷射压缩空气可以模拟发动机射流。探针和精确空间定位系统用于研究模型附近流场。

3. 试验能力

（1）评估飞行器模型及其部件的气动特性；

（2）带内流道的飞行器模型试验和模拟发动机射流试验；

（3）飞行器及其复杂结构部件在分离期间的相互影响研究；

（4）飞行器模型表面转捩研究；

（5）利用探针和精确空间定位系统测量飞行器模型周围流场；

（6）模型表面压力分布研究；

（7）其他机理研究（模型流线阴影图像的获取；通过点油流扩散显示边界层流线，油膜、照相和视频记录等）

4. 风洞应用

T - 121 风洞主要用于火箭模型和太空工程项目及结构部件的研究性试验。部分典型试验见图 4 - 6。

（a）　　　　　　　　　　　　　　　　（b）

图 4 - 6　T - 121 风洞典型试验

（照片取自 www.tsagi.com，TsAGI 95）

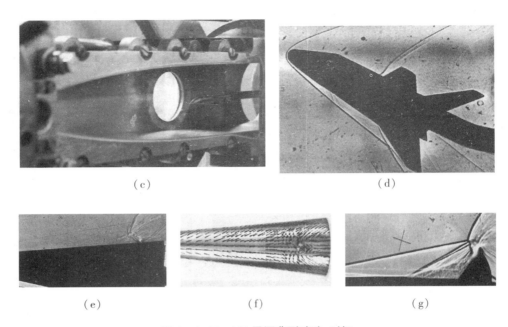

图 4 – 6　T – 121 风洞典型试验（续）

（照片取自 www. tsagi. com，TsAGI 95）

4.4　T – 122M 风洞

T – 122M 风洞是一座暂冲式高超声速风洞，风洞示意图见图 4 – 7。

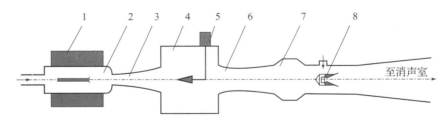

图 4 – 7　T – 122M 风洞示意图

1—电磁线圈；2—加热器；3—喷管；4—试验段；5—模型插入装置；

6—扩散段；7—冷却器；8—引射器。

1. 技术参数

喷管直径：0.13m

试验段驻室：0.3m×0.4m×0.4m（长×宽×高）

马赫数：4.8～14.8

雷诺数：$(0.1～2.0)×10^6/m$

总压：0.2～1.0MPa　　　　　动压：16kPa

总温：0～5000K　　　　　　迎角范围（α）：0°～90°

侧滑角范围（β）：0°～90°　运行时间：600s

试验介质：空气　　　　　　最大试验模型：长0.1m，宽0.06m

2. 风洞概述

T-122 模型风洞是一座非回流、可循环运行的高超声速设备，用于气动加热影响以及航空航天飞行器和火箭及其部件的热防护材料的稳定性研究。

压缩空气进入稳定段，在这里电弧加热器将空气加热到所需温度。四级超声速引射器提供风洞运行所需的真空环境（压差）。

为产生风洞运行所需的马赫数和雷诺数条件，配备有一套出口截面直径分别为 0.8m 和 0.13m 的锥形轴对称喷管。矩形冷却喷管在 $Ma=4.8$ 时使用，其出口截面尺寸为 0.03m×0.18m。被试验的热防护层样品用作喷管壁面的内壁，这时，试验样品的尺寸为 0.18m×0.45m。

风洞试验段由驻室（埃菲尔室）包裹，并配有模型插入气动装置。试验段壁面有窗口可观察模型流线，通常采用薄膜、照相和视频记录等方法观察。T-122M 风洞配有先进的计算和测量设备，可以进行复杂的数据采集和处理工作。

风洞具有最有效的引射器系统，确保流场建立，开展热防护层寿命试验。风洞的喷管和电极有各种尺寸，能够产生的热流变化范围大。

3. 试验能力

（1）火箭和航空航天飞行环境下材料热稳定性寿命试验；

（2）主动热防护方法研究；

（3）对存在热防护缺陷的材料热稳定性研究（缝隙、表面粗糙度等）；

（4）通过高温计、热电偶和量热式传感器进行模型表面的温度分布和热流研究。

4. 风洞应用

T-122 模型风洞主要用于火箭和航天工程项目及其部件热防护的试验研究。部分典型试验见图 4-8。

（a）　　　　　　　　　　（b）

（c）　　　　　　　　　　（d）

（e）　　　　　　　　　　（f）

图 4 - 8　T - 122M 风洞典型试验

（照片取自 www. tsagi. com，TsAGI 95）

4.5　T - 131 B 风洞

　　T - 131B 风洞是 T - 131 综合试验设备组成之一，用于高速冲压发动机自由射流试验。T - 131 综合试验设备包含的另一座风洞是 T - 131V 风洞。T - 131 综合试验设备可以模拟全尺寸飞行马赫数到 7，模拟飞行高度 35km。模拟气流马赫数 2 ~ 10，总压 11MPa，总温 2350K。T - 131 风洞可开展高速冲压发动机、超声速和亚声速燃烧室、高超声速进气道、高速飞行器模型、燃烧机理、结构材料等研究。风洞示意图见图 4 - 9。

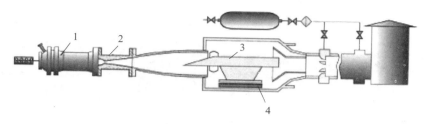

图 4 - 9　T - 131 B 风洞
1—空气加热器；2—喷管；3—模型；4—天平。

1. 技术参数

试验段：喷管直径 0.4m，驻室直径 1.2m，长 2.3m

马赫数：5 ~ 10　　　　　　雷诺数：$10 \times 10^6/m$

总压：11MPa　　　　　　动压：100kPa

总温：2350K　　　　　　运行时间：180s

模型长度：2.0m

2. 风洞概述

T - 131 始建于 1969 年。其中的 T - 131B 风洞是一座循环运行、开口试验段的高超声速风洞，风洞具有四级引射器、气体火焰空气加热器和气流增氧装置。风洞的流场显示测量由显示器、相机和光学托普勒设备完成；配有各种测量温度、压力、热流、流量的仪器和六分量应变天平。利用计算机系统进行数据采集和处理。

T - 131B 风洞可模拟 $Ma = 5 ~ 7$ 的自由射流流场，开展燃烧时进气道和燃烧室联合工况的发动机部件运行过程研究，开展冲压发动机模型试验。

3. 试验能力

（1）高速冲压发动机模型（进气道、燃烧室和喷管）自由射流试验研究；

（2）碳氢燃料热—化学反应研究；

（3）超声速和亚声速流动中各种燃料的混合和燃烧；

（4）外表面燃烧；

（5）喷气式发动机进气道；

（6）材料和集成部件的强度。

4. 风洞应用

T−131B 风洞用于高速冲压发动机模型和发动机部件研究。部分典型试验见图 4−10。

 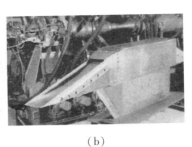

（a）　　　　　　　　　　　　　　　（b）

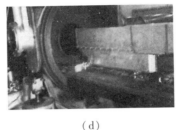 

（c）　　　　　　　（d）　　　　　　　（e）

图 4−10　T−131 B 风洞典型试验

（照片取自 www. tsagi. com，TsAGI 95）

4.6　SVS−2 风洞

SVS−2 风洞是一座多声速风洞，风洞示意图见图 4−11。

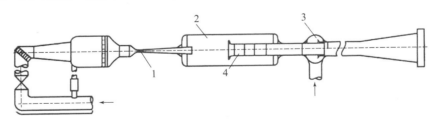

图 4−11　SVS−2 风洞

1—喷管；2—驻室（埃菲尔室）；3—引射器；4—扩散段。

1. 技术参数

可调喷管：

喷管横截面：0.52m×0.5m　　　　马赫数：0.3~5

总温：300K　　　　　　　　　　　总压：900kPa

固定喷管：

喷管直径：0.56m　　　　马赫数：5，5.5，6

总温：500K　　　　　　总压：900kPa

动压：270kPa　　　　　雷诺数：$80 \times 10^6/m$

驻室：直径2.65m，长7.66m　　运行时间：0.5h

2．风洞概述

SVS－2风洞是一座可循环运行、变气流密度、开口试验段的亚/跨/超声速设备。该风洞用于马赫数0～6飞机推进系统通气模型的试验。

在一次连续运行中，马赫数可变化范围为0.3～5.0，可独立进行推进系统进气道试验或与机体一体化进行测试。通过进气道空气喷射模拟发动机运行，可以在发动机压缩机宽泛的转速范围下模拟通过进气道的质量流率。模拟射流外部作用对燃气发动机稳定性的影响；在一次风洞运行中同时获得内部进气特性和外部气动阻力。

3．试验能力

（1）具有遥控系统的支撑装置，遥控攻角变化范围 –10°～20°，侧滑角变化范围 –8°～8°；

（2）成套的具有节流和质量流率测量装置的支杆，可以遥控测量通气道模型中的气流；

（3）显示流动图谱的光学系统；

（4）实时测量进气道总压、静压、温度、畸变的专用设备。

4．风洞应用

几乎所有俄罗斯/苏联研制的飞机和巡航导弹的进气道模型都在SVS－2风洞进行过试验。部分典型试验见图4－12。

（a）　　　　　　　　　　　　　（b）

图 4 – 12　SVS – 2 风洞典型试验

（照片取自 www.tsagi.com，TsAGI 95）

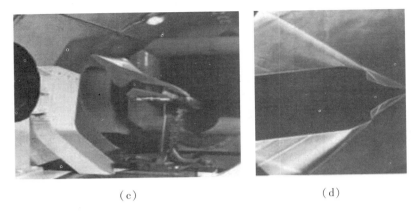

（c）　　　　　　　　　　　　　　（d）

图 4 – 12　SVS – 2 风洞典型试验（续）

（照片取自 www. tsagi. com，TsAGI 95）

4.7　UT – 1M 高超声速激波风洞

UT – 1M 风洞是一座激波风洞，风洞示意图见图 4 – 13。

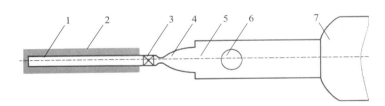

图 4 – 13　UT – 1M 高超声速激波风洞

1—高压段；2—加热器；3—截止阀，4—喷管；5—试验段；6—光学窗口；7—真空罐

1. 技术参数

喷管及对应的马赫数：

5，6　（喷管出口直径 0.3m）

16　（喷管出口直径 0.4m）

6，8，10（喷管出口直径 0.5m）

雷诺数：$(0.3 \sim 70) \times 10^6 /m$

总温：500 ~ 2200K

总压：10MPa

攻角（α）范围：$-5° \sim 25°$

侧滑角（β）范围：±60°

工作气体：空气，氮气，氦气，氟里昂，二氧化碳，混合气体

试验段驻室：直径 0.5m，长 1.0m

模型尺寸：直径 0.15m（马赫数 $Ma = 5 \sim 10$），直径 0.06m（马赫数 $Ma = 16$）

运行持续时间：5 ~ 40ms

效率：一天 10 次试验

2. 风洞概述

UT - 1M 风洞是一个瞬间运行的高超声速激波设备。该设备有两种运行形式：一种是用作路德维希风洞（稳定流动持续时间 40ms，马赫数 $Ma = 5 \sim 10$）；另一种是用作激波风洞（稳定流动持续时间 4 ~ 5ms，马赫数 10 和 16）。UT - 1M 风洞设计用于研究火箭、航天工程及其部件模型绕流和高超声速流动基本特征。风洞试验段驻室开有光学窗口，配备有模型支撑装置，可以改变模型的攻角、侧滑角并沿试验段轴向移动调整模型位置。

UT - 1M 风洞试验能耗和气体消耗量低，经济性好，可用于多种流场参数和模型外形的风洞试验。可以应用非热阻荧光涂层测量热流、压力以及显示流动，涂在模型表面的荧光涂层可回收重新使用。由于运行时间短，热传导测量具有高空间分辨率；可应用非热阻材料制造模型。

3. 试验能力

（1）用热电偶传感器（多达 96 个传感器点）测量热传导系数；

（2）用快速响应荧光涂层（TSP）测量模型表面上热传导系数分布；

（3）用快速响应荧光涂层（PSP）测量模型表面上压力分布；

（4）用快速响应传感器（多达 50 个传感器点）测量时间平均的压力和压力脉动；

（4）用 IAB - 451 纹影设备实现快速流动显示；

（5）用含固体荧光粒子的油流显示模型表面流场；

（6）可以研究带喷流模型的流场。

4. 风洞应用

UT - 1M 高超声速激波风洞经常用于开展火箭、航天工程及其部件绕流的基础试验与研究。部分典型试验见图 4 - 14。

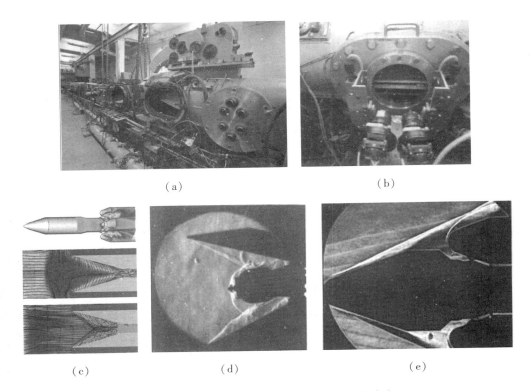

（a） （b）

（c） （d） （e）

图 4 – 14　UT – 1M 高超声速激波风洞典型试验

（照片取自 www. tsagi. com，TsAGI 95）

4.8　VAT – 103 真空风洞

VAT – 103 风洞是一座超高声速风洞，风洞示意图见图 4 – 15。

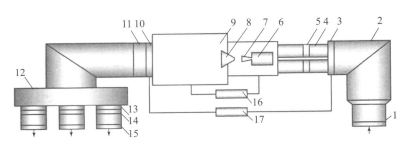

图 4 – 15　VAT – 103 真空风洞

1—增压泵；2—中段真空站；3，5，10，14—真空闸；4，11，13—过渡段；6—稳定段；7—喷管；
8—分离器；9—试验段；12—高真空室；15—扩散泵；16—反向真空泵；17—冷却器。

1. 技术参数

试验速度：$1 \sim 7 \mathrm{km/s}$　　　　驻点温度：$290 \sim 6000 \mathrm{K}$

驻点压力：$10^3 \sim 5 \times 10^4 \mathrm{Pa}$　　残留气体压力：$2 \times 10^{-4} \mathrm{Pa}$

下段压力：$2 \times 10^{-3} \mathrm{Pa}$　　　攻角（α）范围：$-90° \sim 90°$

模型加热：$200°\mathrm{C}$　　　　　　单一工作气体：N_2，O_2，He

混合工作气体：$Ar + O_2$，$Ne + O_2$，$He + O_2$

耗气量：$(5 \sim 25) \times 10^{-6} \mathrm{kg/s}$　　试验段：直径 $1.2\mathrm{m}$；长 $1.5\mathrm{m}$

模型尺寸：直径 $0.07\mathrm{m}$；长 $0.15\mathrm{m}$

2. 风洞概述

VAT-103 真空风洞是一个真空连续式设备，稳定段配有气体动力源和高频气体加热器。通过三室设计和可更换分离器能够获得自由分子流，分子行程长于或等于试验段尺寸，热流核心直径达 $0.07\mathrm{m}$。通过高频感应放电使喷管喉道温度保持恒定，并且可在高频发生器额定功率内平缓调整。

该风洞配备有三分量电磁天平和成套的单分量扭力天平来测量作用在模型上的力和力矩，配备有各种类型的模型固定装置。

该风洞的技术优势：氧原子速度与真实值相似；模型自由流强度超过试验段内残余气体自由流强度数个量级；对残留气体进行光谱测定检查；针对模型重量变化专门设计单分量天平；在试验过程中校准天平和真空测量探针；通过旋转装置可以用四个模型进行试验；感应模型加热。

3. 试验能力

（1）根据迎角、分子热流速度以及模型材料，评估脉冲和能量向模型表面的传导系数；

（2）评估简单和不规则形体的气动特性；

（3）研究考虑表面催化特性和化学反应的面向物体表面的热传导；

（4）研究材料对氧原子热流影响的容限；

（5）改进和校准测量轨道轨迹大气参数的研究装置。

4. 风洞应用

VAT-103 风洞用于航天器模型及其部件试验，研究应用于航天工程的自由分子流和物体表面之间的相互作用过程。部分典型试验见图 4-16。

（a）

（b） （c）

图 4 – 16　VAT – 103 风洞试验场景

（照片取自 www. tsagi. com，TsAGI 95）

4.9　VAT – 104 高温高超声速风洞

VAT – 104 风洞是一座高频等离子体风洞，风洞示意图见图 4 – 17。

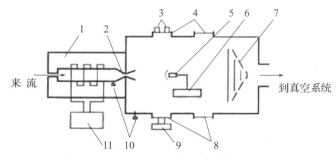

图 4 – 17　VAT – 104 高温高超声速风洞

1—感应加热器；2—喷管；3—摄像机；4，8—光学窗口；5—模型；6—模型插入装置；
7—热交换器；9—热像仪；10—压力计；11—高频发生器。

1. 技术参数

在不完全膨胀射流中试验。

试验速度：3.5 ～ 4.5km/s

射流马赫数：5 ～ 8

驻点温度：5000 ～ 9000K

热流：1 ～ 10MW/㎡

运行时间：20min

喷管马赫数：4

雷诺数：$(500 \sim 5) \times 10^3 /m$

驻点压力：5 ～ 50kPa

气流直径：0.1m

试验段驻室：直径 1.6m，长 5m

喷管：锥形喷管直径 0.5m，二维喷管 0.3m×0.12m

试验模型：直径 0.8m

2. 风洞概述

VAT－104 风洞是一个具有高频感应气体加热器（空气，氮气，氩）、高速可循环运行设备。气体介质通过非接触方式加热，从而避免污染。使用感应气体加热器能够获得高焓（40MJ/kg）等离子体气流，驻点温度和气流焓值（在3%内）稳定性高，连续试验时间达 20min。VAT－104 风洞配备有高效真空站，提供 1Pa 的真空度，流量 3g/s。模型一般距喷管出口 100mm 处，在直径为 0.1m 的不完全膨胀等离子体射流（$Ma = 5 \sim 8$）中进行试验。喷管出口与冲破射流的激波（马赫盘）之间的距离为 0.25 ～ 0.5m。

VAT－104 风洞配备有计算机数据采集处理系统以及运行状态控制系统。空气质量流量传感器、压力计、热电偶以及高频发生器参数的读数被记录下来。模型温度由热电偶测量。在试验模型表面上的亮度温度分布由高温计测量，使用配有窄带宽过滤器的 CCD 数码摄像机记录。

风洞的技术优势是能够在真实气体组分、真实物体温度和压力分布下，模拟高超声速等离子体气流对高超声速飞行器结构部件和材料的影响，能够在严格控制的条件下进行一系列试验。

3. 试验能力

VAT－104 风洞可模拟 60 ～ 90km 高度高超声速等离子体气流对高超声速飞行器机构部件及材料的影响。

（1）非平衡热交换、高速气流中的非平衡过程研究；

（2）高超声速等离子体气流和机械载荷共同冲击下的结构材料特性研究；

（3）高速等离子体气流中电磁可穿透材料和物理过程研究；

（4）催化和光学材料特性、热化学热防护材料强度研究。

4. 风洞应用

俄罗斯/苏联国内项目以及国际合同试验项目共计开展了约 1000 个隔热材料与结构部件的试验研究。部分典型试验见图 4 – 18。

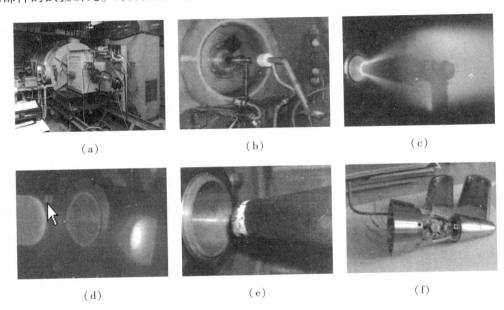

（a） （b） （c）

（d） （e） （f）

图 4 – 18　VAT – 104 高温高超声速风洞试验场景 （续）

（照片取自 www. tsagi. com， TsAGI 95）

4.10　T – 34 高超声速风洞

T – 34 风洞建成于 1970 年，是一座暂冲式高超声速风洞，喷管直径 0.3m，试验马赫数为 1 ~ 9，气流采用电弧加热器加热，驻点温度可达 4000K，总压 100×10^5 Pa，一次最大吹风时间 300s。该风洞主要用于高超声速飞行器热防护材料的耐热特性研究。目前该风洞是否在用不确定。

4.11　T – 113 超/高超声速风洞

T – 113 风洞建成于 1948 年，是一座暂冲式超/高超声速风洞，试验段尺寸 0.6m × 0.6m，试验马赫数与 T – 112 风洞衔接，分别为 1.75、2.0、2.25、2.5、2.75、3.0、

3.25、3.5、4.0、4.5、5、6。风洞试验雷诺数（7～43）×10^6/m。马赫数 5、6 为二维喷管，此时，高超声速风洞试验气流需要加热，因此，该风洞配有加热器，最高可加热温度 750K。该风洞主要用于选型或部件的低成本快捷试验研究。目前该风洞是否在用不确定。

4.12　T-120 高超声速风洞

T-120 高超声速风洞建成于 1957 年，风洞喷管直径 0.15m，试验马赫数 4～10，试验气体可以采用空气或氦气，试验时间大于 60s。该风洞主要用于早期高超声速风洞技术研究。目前该风洞是否在用不确切。

4.13　T-123 高超声速风洞

T-123 高超声速风洞建成于 1964 年，风洞锥形喷管直径 0.3m，试验马赫数 5～20，总温 4000～5000K，总压（5～20）×10^{6}Pa。当试验马赫数为 5～10 时，风洞运行采用 4 级引射器，试验时间约 180s；当试验马赫数为 10～20 时，风洞运行采用真空球，容积 350m^3，试验时间 20～40。该风洞主要用于高超声速气动力、气动热试验，曾进行过"联盟号"返回舱等多种航天器型号试验。目前该风洞是否在用不确定。

4.14　BTC 真空试验设备

BTC 是一座高超声速风洞，风洞采用感应等离子体加热器对气体介质加热，具有高空模拟能力，模拟高度 60～80km。风洞的主要参数：马赫数 4～6，总压 0.8×10^{5}Pa，总温 8000K，喷管射流直径 0.04m，试验时间 3600s。风洞主要用于热防护材料的抗烧蚀特性研究。目前该风洞是否在用不确定。

4.15　HT-1 高超声速风洞

HT-1 是一座暂冲热射式高超声速风洞，试验气体可根据需要变换，如空气、氮气、二氧化碳等。风洞主要参数：马赫数 12.2～18.3，射流直径 0.24～0.34m，总压（1.2～12）×10^{7}Pa，总温 950～2700K，雷诺数（0.49～1.2）×10^6/m，试验时间 0.1～0.3s。风洞主要用于航天飞行器气动热和气动力试验。目前该风洞是否在用不确定。

4.16 HT-2 高超声速风洞

HT-2 也是一座暂冲热射式高超声速风洞，试验气体可根据需要变换，如空气、氮气、二氧化碳等。风洞主要参数：马赫数 10~22，射流直径 0.44~0.90m，总压 $1500 \times 10^5 Pa$，总温 5000K，雷诺数 $(1.2~10) \times 10^6/m$，试验时间 0.1s。主要用于航天飞行器气动热和气动力试验。目前该风洞是否在用不确定。

4.17 УГСП 高超声速风洞

20 世纪 90 年代中后期，TsAGI 曾致力于不同于以往的新概念风洞设备研究，如磁流体增能加速和带压力放大器的高超风洞，以便更真实地模拟吸气式高超声速飞行器试验条件。УГСП 就是一种新概念高超声速风洞，见图 4-19。该风洞采用高压气体（320atm）活塞驱动，风洞前室设计有压力放大器，能使试验气体压力增加到 5000atm（设计值 10000atm），该风洞的试验气体（空气）相比脉冲、激波等其他形式高超风洞更为纯净。该风洞实际达到的主要参数：马赫数 5~18，总压 $5000 \times 10^5 Pa$，总温 2000K，射流直径 0.15~0.30m，试验时间 0.04~0.20s。目前该风洞是否在用不确定。

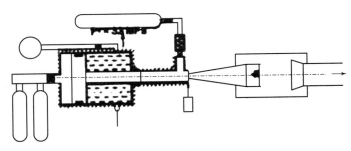

图 4-19　УГСП 高超声速风洞示意图

4.18 VAT-3 高超声速真空风洞

VAT-3 是一种具有高空模拟能力的高超声速风洞。该风洞具有一个真空系统，试验段采用液氮冷却，气体加热器为感应热式。风洞主要参数：马赫数 12~20，总压 $60 \times 10^5 Pa$，总温 2000K，射流直径 0.15~0.30m，模拟高度 75~100km，试验时间 0.07~5s。该风洞可以进行航天飞行器从连续流环境到自由分子流环境的稀薄气体气动特性试验研究，可以进行热防护材料的热物理特性试验研究。目前该风洞是否在用不确定。

4.19　VAT－102 高超声速真空风洞

VAT－102 风洞建成于 1976 年，是一种具有高空模拟能力的高超声速风洞。试验气体介质为氮气，加热器为电子束式。风洞主要参数：马赫数 0.2~8，总压 0.1×10^5 Pa，总温 1800K，喷管出口直径 0.18~0.38m，模拟高度 85~105km，试验时间不少于 60s。目前该风洞是否在用不确定。

第5章 其他航空航天试验设备

俄罗斯中央航空流体动力研究院是航空航天综合性研究机构，除风洞试验设备外，还有声学、水动力学、飞行力学、机械强度等试验设备或实验室。据2013年中央航空流体动力研究院网站发布的"TsAGI 95"报告显示，这些试验设备主要包括：声学实验舱2个，螺旋桨试验台4个，水动力试验设备2个，飞行力学试验台4个，结构强度实验室（或试验台）7个。

5.1 声学试验设备

5.1.1 AC-2可模拟气流的声学无回声实验舱

AC-2声学无回声实验舱是一座航空声学试验设备，示意图见图5-1。

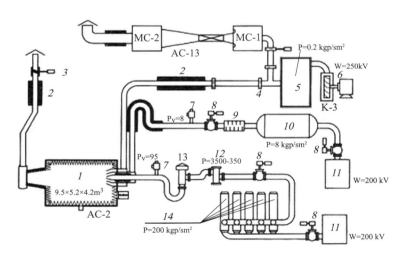

图5-1 AC-2声学无回声实验舱

1—无回声实验舱；2—板式降噪器；3—加热阀；4—阻尼器；5—前室；6—电动机；7—安全阀；
8—阀门；9—过滤器；10—回收器；11—压缩机VP30/8；12—减压器；13—截止阀；14—储气罐。

1. 技术参数

最大声压：160dB   试验段容积：211m³

试验段尺寸：$9.6m \times 5.5m \times 4.0m$　　　工作频率：$160 \sim 20000Hz$

驻点温度：293K

射流速度：第一回路：喷管直径 0.80m, $Ma = 0.25$

第二回路：喷管直径 0.10m, $Ma = 2.00$

第三回路：喷管直径 0.08m, $Ma = 4.00$

数据采集处理系统：多通道数据采集/处理系统 B&K PULSE3560C, D

通道数量：32　　　　　　　数据处理速率：200kHz/通道

测量精度：±0.5dB

2. 设备概述

AC-2 声学无回声实验舱用于模拟自由声场条件的飞机部件模型测量，包括亚声速和超声速冷射流的远和近声场、射流湍流测量、创建高水平声场、飞机结构噪声研究、空调系统噪声等。AC-2 的另一个应用领域是试验评估主动噪声抑制概念和创新技术，如用于消减射流噪声的等离子体作动器。

AC-2 独特的三型面喷气系统使其能在有不同流速的同轴流动条件下，进行发动机内外涵道的射流噪声特性研究。实验舱空间大小能够满足模拟起飞和降落情况下，定位缩尺飞机结构部件模型声源的需要。

无回声实验舱配备有先进的实时声学测量多通道数据采集/处理系统。还配有光学综合设备和多通道综合设备。光学综合设备包括 IT 228 剪切干涉测量仪、球面镜（直径500mm）、高速数字化采集设备。多通道综合设备基于压力传感器和 NI 公司数据采集板测量和控制气流的流动特性。

3. 试验能力

（1）先进飞机发动机中等尺度模型的内外涵道射流噪声的远、近场特性研究；

（2）起落架、高升力装置等中等尺度模型的噪声测量；

（3）飞机和导弹声学载荷测量。

4. 典型试验

AC-2 应用于环境友好型飞机的试验研究，研究项目包括俄罗斯联邦计划和欧共体第 7 框架（FP7）下的国际项目。AC-2 是"航空声学"试验综合设备的一部分，

"航空声学"试验综合设备取得了国家间航空委员会（ISAC）航空注册以及俄罗斯联邦当局的认证。部分典型试验见图 5－2。

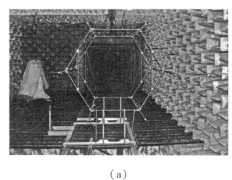

（a）

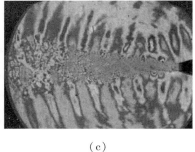

（b）　　　　　　　　　　（c）

图 5－2　AC－2 典型试验

（照片取自 www. tsagi. com，TsAGI 95）

5.1.2　AC－11 声学室

AC－11 声学室是一座航空声学试验设备，示意图见图 5－3。

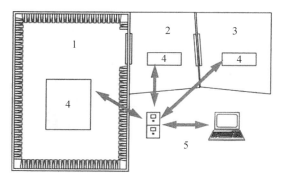

图 5－3　AC－11 声学室示意图

1—无回声室；2—混响室 1（RC1）；3—混响室 2（RC2）；4—麦克风、声源和联动装置；5—测量和操作系统。

1. 技术参数

声学室尺寸：无回声室 14.0m×11.5m×8.0m（1288m^3）；

可用容积 12.2m×9.7m×6.3m（750m^3）；

RC1 容积 6.4m×6.4m×5.15m（210m^3）；

RC2 容积 6.6m×6.4m×5.15m（220m^3）

工作频率：80～16000Hz

动态范围：45～83dB（RC1－RC2）

背景噪声：0dB

数据采集/处理系统：3560－C 型 PULSE 多分析器系统，10 通道，频率范围 0～25600Hz，测量精度±0.1dB

2. 设备概述

AC－11 声学室建成于 1989 年，是俄罗斯国家航空委员会认可的"航空声学"试验设施的一部分。由 3 个互相连接的声学室组成：1 个无回声室，2 个混响室。它们通过安装试验件窗孔连接，两个窗孔尺寸分别为 2.2m×1.5m 和 1.5m×1.5m。为了防止结构干扰，各声室之间以及各声室与建筑结构之间的连接都不是刚性的。它们安装在特殊的橡胶垫上，并有独立的底座。该设备装有联动系统和先进的多通道数据采集与处理系统，能进行实时声学测量。该设备还有基于激光振动测量仪的振动—声学测量系统。

AC－11 声学室具有频率范围宽、动态范围大、背景噪声低等特点，能够模拟各种声激励场，可以开展广泛的标准和非标准声学研究。其中安装有大量的照相机，不仅可以进行缩尺模型试验，而且可以进行各种飞行器和工业装备的全尺寸平板和舱段试验。RC1 还能很方便地转换为小型无回声室（消声的 RC1）。

3. 试验能力

（1）通过两个互联混响室（RC1－RC2）中的散射激励与接收来确定平板声传播的损失；

（2）测量直接激励（AC－RC1）、直接接收（RC1－AC）、直接激励与接收（消声 RC1－AC）状态下平板的声传播损失；

（3）测量 RC 中吸声结构和材料的特性；

（4）测量 RC 或 AC 中声源的声功率；

（5）测量安装在两个声室之间窗孔上的平板或安装在其中一个声室中的平板的振

动—声学特性;

（6）扩散声场（RC1）和自由声场（AC）中全尺寸或模型飞机机身舱段的振动—声学试验;

（7）测量激励场结构对平板、机舱段和飞机模型振动声学特性的影响。

4. 设备应用

在该设备中进行了 TsAGI 声学部以及俄罗斯一流航空企业的多种物体和材料的声学试验。部分典型试验见图 5 - 4。

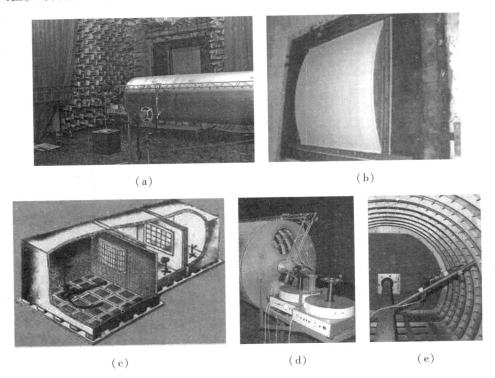

（a）　　　　　　　　　　　　　　（b）

（c）　　　　　　　　　　（d）　　　　　　　（e）

图 5 - 4　AC - 11 声学室典型试验

（照片取自 www. tsagi. com，TsAGI 95）

5.2　螺旋桨试验台

5.2.1　K - 1，K - 2，K - 3 通用试验台

K - 1，K - 2，K - 3 通用试验台是一种换气设备试验装置，示意图见图 5 - 5，性能参数见表 5 - 1。

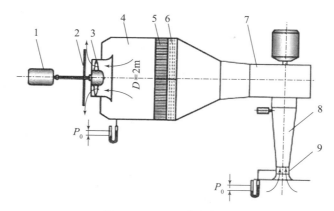

图 5 - 5　K - 1 试验台

1—平衡器；2—防护屏；3—试验件；4—稳定室；5—蜂窝器；6—格栅；

7—增压风扇；8—喉道；9—流动测量收集器。

1. 技术参数

总压：大气压

温度：环境温度

雷诺数：≥20000/m

表 5 - 1　K - 1、K - 2、K - 3 试验台参数

试验台	K - 1	K - 2	K - 3
稳定室直径/m	2	2	0.7
稳定室长度/m	2	2	1
模型直径/m	0.3 ~ 1.0	0.3 ~ 1.0	0.05 ~ 0.3
效率/(m^3/h)	40000	30000	3000
功率/kW	7	2.5	0.5

2. 设备概述

K - 1，K - 2，K - 3 试验台用于研究风扇、空气通道、热交换器以及空气通过运动系统各种部件的气动特性。试验台能够确定静止和旋转叶片组的总气动特性和流动结构，包括定常和非定常气动特性。这些试验台具有相似的布局设计，设备组成包括：抽吸连接器，带有测量舱内空气消耗量的搜集器，测量空气消耗量的喉道装置，具有整流栅格和蜂窝器的稳定室。

由于试验模型尺度大，因此可以获得风扇和通道的总气动特性，并可以研究空气通过运动系统的气流流动结构。应用增压风扇可以实现通气试验台的所有可用流态，即从气流阻塞状态开始，一直到提取气流能量的涡轮状态。

3. 试验能力

（1）各种用途的风扇，如汽车工业、拖拉机制造、采矿业、直升机动力装置冷却系统、飞机/太空飞行器生命支持系统、无人飞行器升力推进系统、气垫飞行器和与地效飞行器；

（2）空气运动系统模型及全尺寸试验件，气流流经部段的单个部件和风扇（直径 $0.03 \sim 1\text{m}$）；

（3）风扇/栅格干扰效应；防护屏对风扇气动特性的影响；

（4）风扇下游各种形状通道中的气流特征；

（5）为非标准回路选择和匹配风扇；

（6）自动模拟区域（$Re \geqslant 3 \times 10^5$）的风扇以及流态依赖雷诺数变化（$Re \geqslant 2 \times 10^4$）的风扇。

4. 设备应用

主要应用于试验研究和完善各种空气运动系统及其部件。部分典型试验见图 5-6。

（a）　　　　　　　　　　（b）

（c）　　　　　　　　　　（d）

图 5-6　K-1 试验台典型试验

（照片取自 www.tsagi.com，TsAGI 95）

5.2.2　MCY-114 螺旋桨试验装置

MCY-114 是一个飞机发动机螺旋桨试验装置，能够测量螺旋桨叶片的气动力、压力、温度、几何变形等。试验螺旋桨的最大直径 1.8m，最大旋转速度 2400r/min，螺旋桨拉力 775kg。该装置目前是否在用不确切。

5.3　水动力设备

5.3.1　拖曳水槽

拖曳水槽是一座水流体动力学试验设备，示意图见图 5-7。

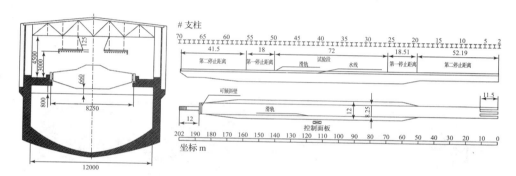

图 5-7　拖曳水槽示意图

1. 技术参数

试验段长度：84m　　　　　　试验速度：16m/s

水槽长度：202m　　　　　　水槽宽度：12m

水槽深度：6m

造波器产生的波浪：波高 30~200mm；波长 3~7.5m

2. 设备概述

水槽于 1930 年投入使用，1967 年和 1978 年分别进行过改造，其主要作用是研究模型在水面之上、水面、水下运动时的流体动力特性。它可模拟流体介质中物体的一维运动，在以下研究方面具有技术优势：水面舰船、潜艇、水面滑翔飞行器的压差阻力；自由水流和靠近船体状态下螺旋桨推进装置的运行；各种推进剂的特性；俯仰和滚转特性；航海能力以及特殊的流体动力难题。

水槽底部和侧壁为现浇钢筋混凝土结构。水槽装有高精度轨道。造波器为振动壁型。拖车为轻质金属结构，安装有 4 个电动机，通过滑轮提供 16m/s 的轨道移动速度。

3．试验能力

（1）静止或波浪条件下的滑水和移动船只模型拖曳试验；

（2）通过模型试验测量水上飞机、两栖飞机和翼型船的流体动力特性；

（3）开展飞机和直升机模型的水上迫降试验研究；

（4）水下航行器和相对较小物体的各种特性研究。

4．设备应用

在该水槽中开展的典型试验包括国家两栖飞机外形细化试验、机翼翼型模型试验、高速海上舰船模型试验、特殊水下兵器模型试验以及航空航天工程项目。部分典型试验见图 5－8。

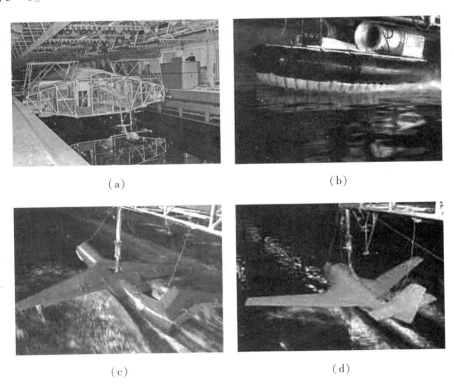

（a）　　　　　　　　　　　　　　　（b）

（c）　　　　　　　　　　　　　　　（d）

图 5－8　拖曳水槽典型试验

（照片取自 www.tsagi.com，TsAGI 95）

5.3.2　浮动弹射器

浮动弹射器是一种水面运动物体试验设备，示意图见图 5 - 9。

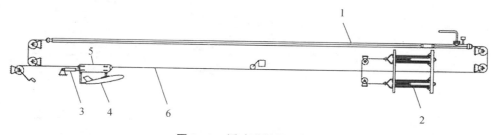

图 5 - 9　浮动弹射器示意图

1—工作作动筒；2—滑架减速装置；3—电磁锁；4—模型；5—滑架；6—缆绳。

1. 技术参数

弹射速度：10 ~ 30m/s

初始弹射高度：0 ~ 0.5m

模型尺寸：翼展 2.8m，长度 4.0m，高度 1.0m，重量 80kg

2. 设备概述

浮动弹射器是一种露天湖泊水面浮动试验装置，主要用于助推飞机自由飞动力缩尺模型试验。该设备是一个安装在两个柱形浮筒上的∏形焊接框架结构。试验模型通过高压空气作动筒加速。设备具有的大功率作动器使其能够进行大尺度模型试验，模型上部的悬挂装置与弹射器挂载件相连能够进行低高度模型弹射，因此能够模拟大范围的垂直水面降落。

3. 试验能力

（1）研究陆上飞机和返回的航天舱水上紧急降落；

（2）研究翼型船、水上飞机和两栖飞机的飞行和水上降落。

4. 设备应用

在该设备进行了 40 多种模型试验，包括常规飞机、水上飞机、两栖飞机、翼型船和航天器返回舱。部分典型试验见图 5 - 10。

图 5 - 10　浮动弹射器典型试验

（照片取自 www.tsagi.com，TsAGI 95）

5.4　飞行力学设备

5.4.1　PS - 10M 集成飞行模拟器综合设备

PS - 10M 集成飞行模拟器综合设备是一座飞行模拟试验设备，示意图见图 5 - 11。

1. 设备概述

PS - 10M 集成飞行模拟器综合设备包括飞行模拟器、计算机中心、指令员操作台和飞行员操作台。所有部件都集成到计算机局域网中，该网能提供实时同步功能。其图像系统很独特，能提供水平方向 240°、垂直方向 140° 的空中侦察角，这对应于机动飞机座舱的观察角，周围的景像由 8 个投影器产生，成像系统大大增强了飞行员完成瞄准模拟驾驶任务时（包括空战超机动状态）的空间指向能力。操作台有很好很细致的飞机数学模型（模型数据来自完整的气动参数数据库，迎角范围 ±180°）、集成控制系统（包括特定的执行方式和各种推力矢量的数学模型）、机载侦察和可视系统的数学模型以及空战武器的数学模型。

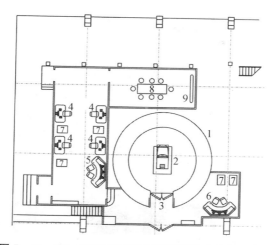

图 5 - 11　PS - 10M 集成飞行模拟器综合设备示意图

1—直径 8m 的圆顶屏幕；2—驾驶舱；3—投影器；4—简易飞行模拟器；5—试验指令员操作台；
6，7—计算机集成中心；8—会议室；9—总图像显示屏。

2. 模拟能力

（1）战斗机空战模拟（1 对 1 或 2 对 2），注重参数选择和飞机比较评估；

（2）陆地起飞降落、航母甲板起飞降落、空中加油预演；

（3）飞行试验支持；训练飞行人员，使其成为完成瞄准类飞行任务合格的飞行员（单飞或编队飞行）。

3. 设备应用

HIL 模拟用于研究当前和未来飞机的稳定性、操纵性、机动性、机载武器、航母起降系统等的性能特点。在进行高难度机动飞行前进行试飞员准备。设备工作场景见图 5 - 12。

（a）

图 5 - 12　PS - 10M 集成飞行模拟器综合设备模拟试验场景

（照片取自 www. tsagi. com，TsAGI 95）

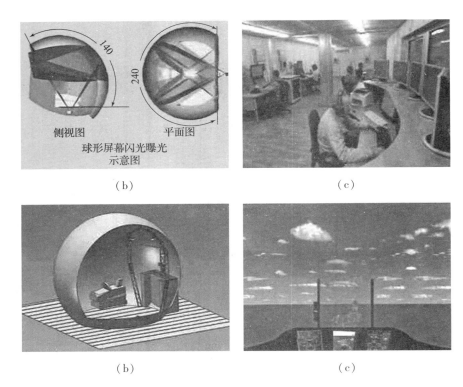

图 5-12　PS-10M 集成飞行模拟器综合设备模拟试验场景 （续）

（照片取自 www. tsagi. com, TsAGI 95）

5.4.2　PSPK-102 飞行模拟器

PSPK-102 飞行模拟器是一种动态模拟驾驶舱, 见图 5-13。

图 5-13　PSPK-102 飞行模拟器

（照片取自 www. tsagi. com, TsAGI 95）

1. 设备概述

PSPK – 102 飞行模拟器有一个活动驾驶舱，主要用于：模拟大气干扰或技术故障状态下小机动飞机（起飞、降落和巡航飞行状态）的基本飞行模式；完善人机工程特性；当采用有形的控制杆（控制杆、踏板、发动机控制杆等）时，评价带遥控系统的人机工程操纵品质；选择自动到手动驾驶便捷平衡；选择遥控系统结构；完善正常和极端飞行模式下的驾驶技术；支持飞行试验；支持资质认证过程。

2. 试验能力

（1）驾驶舱：两个飞行员座位，带标准的数据显示装置（2 + 1 + 2 LCD）和一个中心发动机与高升力装置控制台。

（2）操纵杆：两个带机电加载系统和控制侧杆的操纵杆。

（3）图像系统：3 通道、4 窗观测系统，可对地球和跑道表面进行数字图像合成。

（4）座舱电机系统：基于支柱提供 6 自由度运动，最大位移：垂直平面内长度方向上为 ±1.2m，横向为 ±1.5m，滚转角 ±30°，俯仰角 ±40°，航向角 ±60°。

（5）数字计算机系统构成：LCU 控制，是一个飞行动力学模型计算机；模拟机载系统和大气扰动的辅助计算机；3 个环境状态成像系统的计算机；5 个多功能显示帧合成计算机；2 个控制杆加载系统计算机；设备接口装置（32 通道 ADC、64 通道离散输入、64 通道离散输出）。

（6）研究工程人员操作台：计算机工作站控制面板；显示复制监控器；多功能复制监视器；内部电话系统。

3. 设备应用

该设备用于研究手动飞行状态控制、飞行力学和小机动人机工程控制系统，包括其设计与认证研究，以及结构弹性和载荷因子对飞机控制的影响、提高飞行安全性的技术和方法等专业研究。实验舱工作台见图 5 – 14。

（a）　　　　　　　　　　　　　　　　　（b）

图 5 – 14　PSPK – 102 飞行模拟器模拟试验场景

（照片取自 www. tsagi. com，TsAGI 95）

5.4.3　VPS－4 研究型直升机飞行模拟器

VPS－4 研究型直升机飞行模拟器是一种飞行模拟系统，见图 5－15。

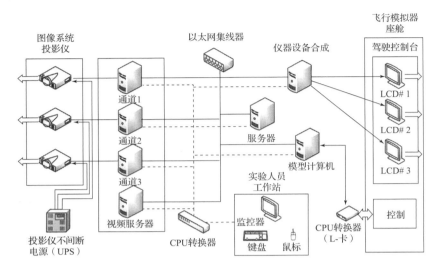

图 5－15　VPS－4 研究型直升机飞行模拟器

1. 设备概述

VPS－4 研究型直升机飞行模拟器有一个固定的驾驶舱，用于研究广泛的直升机飞行力学问题。该设备系统包括飞行模拟器驾驶舱、3 通道虚拟景观模拟系统（带数字图像数据合成功能）、计算机系统、设备接口装置和电源系统。计算机系统基于 IBM PC 兼容机，可靠性高，价格便宜，维护简单。驾驶舱虚拟景观模拟系统能够提供对近距目标的精细表征以及对物体表面的逼真模拟，这使其能够尽可能精确地模拟虚拟景观。

虚拟景观合成系统的工作区为 $200km \times 200km$，并具有以下特性：可以模拟包括山区的各种地面；可以模拟各种天气、季节的不同能见度和光照条件；能够模拟许多机场；可以在虚拟景观中布置特殊的物体，以通过飞行状态接收装置改进飞越状态；可以在训练机场布置活动的、静止的、空中的和地面的目标。

2. 试验能力

（1）改进直升机在特定飞行状态下运动的数学模型；

（2）研究受实际操纵品质限制的不同任务下直升机的飞行力学问题；

（3）目标飞行状态下（超低空掠地飞行）驾驶和效率特性研究；

（4）目标搜索状态直升机控制系统的研究；

（5）驾驶舱信息和控制方面的研究与优化。

3．设备应用

该设备用于进行直升机飞行力学问题研究。工作模拟情景见图 5 - 16。

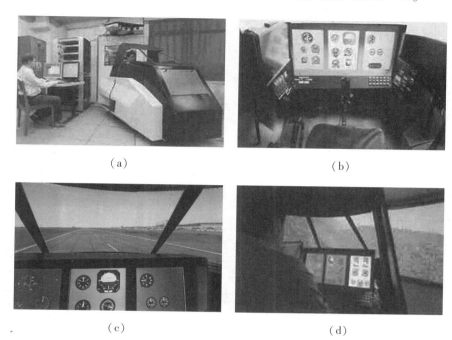

（a）　　　　　　　　　　　　　（b）

（c）　　　　　　　　　　　　　（d）

图 5 - 16　VPS - 4 模拟试验场景

（照片取自 www. tsagi. com，TsAGI 95）

5.4.4　NIM - 25 飞行控制作动器试验台

NIM - 25 飞行控制作动器试验台是一种作动器试验设备，见图 5 - 17。

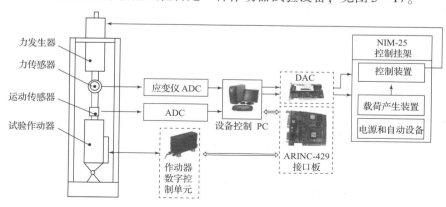

图 5 - 17　NIM - 25 飞行控制作动器试验台

1. 技术参数

最大流体流率：试验加载作动器 200L/min，被试验的作动器 140L/min

最大推力：250kN   杆位移：±200mm

杆速度：350mm/s   工作频段：30Hz

动态精度（杆静止，频段 0～10Hz，0.5P_{max}）如下：

幅度：1.5dB   相位：≤30°

液压流体：AMG-10   液压源压力：210，270atm

2. 设备概述

NIM-25 飞行控制作动器试验台是一个 250kN 的试验载荷加载设备，原理是基于带力反馈的液压电动伺服作动器。其试验能力取决于压力大小和流体流率。

该设备用于试验高功率飞行控制作动器的动态特性，并评价其静、动态刚度。在工作频段内，施加到刚性基座上的模拟力能够保证不产生变形。该设备的飞行控制作动器为垂直布局，使用方便，并有可移动式横梁，易于作动器的安装和位移调节。

3. 试验能力

（1）飞行控制作动器静态特性和载荷特性；

（2）飞行控制作动器加载状态下的动态特性；

（3）动态刚度；

（4）通过飞机飞行 HIL 模拟施加到伺服作动器上的载荷；

（5）作动器飞行载荷模拟；

（6）飞行控制系统故障时的安全特性。

4. 设备应用

该设备用于试验飞行器在高功率飞控作动器作用下的功能，试验过的主要飞行器包括"暴风雪"号航天飞机、苏霍伊"JSC"、"苏"-27、"苏"-35、"T"-50、"Ansat"直升机等，试验的飞控作动器包括 SPM-50、PRD-19、PRD-20、EGR-51、HC-51。试验情景见图 5-18。

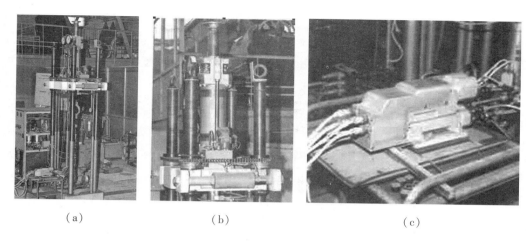

（a）　　　　　　　　（b）　　　　　　　　（c）

图 5 – 18　NIM – 25 飞行控制作动器试验台应用

（照片取自 www. tsagi. com，TsAGI 95）

5.5　结构强度设备

5.5.1　全尺寸结构静强度试验实验室

全尺寸结构静强度试验实验室是飞机结构强度试验单位，见图 5 – 19。

图 5 – 19　全尺寸结构静强度试验实验室

（照片取自 www. tsagi. com，TsAGI 95）

1. 技术参数

实验室主厅：加强地板 1900m²，加强顶板 1900m²，加强顶板载荷能力 1000000kg

实验室辅厅：加强地板 650m²，加强台架

技术系统：液压站（油泵站能力 2000L/min，液压系统压力 20MPa，固定管道，液压加载缸 600 个，液压载荷控制单元 200 个）；密封舱加载过压空气系统，$P_{max}=600kPa$；爆裂耐受与保护系统；加载控制信息系统"Arrow"，120 个通道；Strength–4000 应变仪测量信息系统，2×4000 个通道；Strength–2000 加载控制、角位移与直线位移测量信息系统，2000 通道；侧倾仪与位移计套件（电和激光测量），200 个以上

2. 设备概述

全尺寸结构静强度试验实验室是俄罗斯国家航空委员会认可的"强度"试验设施的组成部分。用于起飞重量高达 250000kg 的全尺寸飞机以及起飞重量高达 100000kg 的直升机的静强度研究。被试验件通过多通道电液伺服系统加载，应变状态通过多通道高速信息—测量系统检测。试验还可辅以结构强度数值计算。还可通过电子无损探测系统研究结构损伤情况。可同时对多个试验件进行试验。

加强的实验室结构能够试验全尺寸飞机而不需要特殊的台架，实验室辅助部分安装有多用途台架。实验室装备有局部液压和气动加载系统，还有多用途水泥杆加载系统用于结构加载。根据载荷和几何结构特征，其成套的液压加载缸可以提供 100 ~ 400kg 的载荷。

3. 试验能力

（1）全尺寸结构及其零件和部件的静强度试验；

（2）测量冗余强度；

（3）用应变仪、角位移与直线位移测量计、MV224 相干激光雷达测量应力—应变状态；

（4）检测部件和系统的工况，包括承载结构的工况；

（5）测量结果的计算机处理和输出；

（6）试验结果的综合演示验证。

4. 设备应用

该实验室已经进行了 50 多种固定翼飞机、直升机、地效飞机、航天飞机、空天飞机和其他全尺寸物体和模型的静强度试验。典型试验见图 5 – 20。

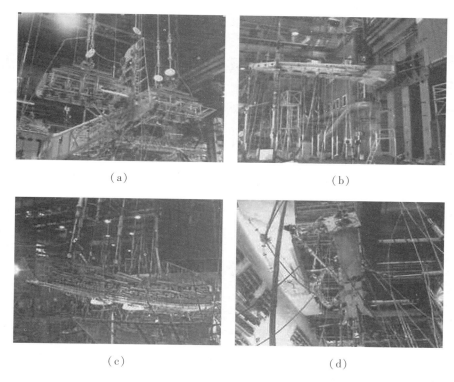

图 5 - 20　全尺寸结构静强度试验实验室典型静强度试验

（照片取自 www. tsagi. com，TsAGI 95）

5.5.2　全尺寸结构与结构部件疲劳强度实验室

全尺寸结构与结构部件疲劳强度实验室是飞机疲劳试验单位，见图 5 - 21。

图 5 - 21　全尺寸结构与结构部件疲劳强度实验室

（照片取自 www. tsagi. comTsAGI 95）

1. 技术参数

试验厅尺寸：75.0m×90.0m×25.4m

加强地板：5700m²

加强地板可承受载荷：37500000kg

电源额定功率：3600kW

6atm 压缩空气消耗率：37m³/s

200atm 压力下油泵站的能力：5000L/min

1.5kg/cm² 压力下的循环水源：64m³/h

多通道自动加载系统：通道数 500，频率范围 0.1~30Hz，测量精度（不低于）1%

信息—测量系统：测量通道数 1500，测量采集速率 5000 次/s，测量精度（不低于）1%

无损结构试验：涡电流试验，超声波检测，声发射试验，内部试验，通过铸件内表面检查仪进行可视光学试验

2. 设备概述

全尺寸结构与结构部件疲劳强度实验室主要进行全尺寸结构疲劳强度研究。通过数控多通道电液伺服系统对结构进行加载。相对变形、弯曲、剪切以及力、压力、温度等参数通过多点快速信息—测量系统测量。结构损伤探测和裂纹扩展监测通过结构健康监测系统（超声、涡电流、声发射等）和自动连续监测系统测量。试验台通过 120 个通道循环加载可以同时研究飞机的所有部件，并能测量过压值。

可以进行起飞重量达 500000kg 的全尺寸飞机结构试验，并能对飞机所有部件（机翼、机身、尾翼、起落架、发动机架）同时加载。能够通过准随机载荷和飞行变化模拟飞行加载程序，通过计算机控制的电液监测系统加载振动载荷，能够进行实时声发射结构控制。

3. 试验能力

（1）疲劳试验；

（2）残余强度测量；

（3）系统功能检查；

（4）振动试验；

（5）结构应力—变形状态；

（6）疲劳裂纹扩展；

（7）结构的应变计校测；

（8）结构不可接触区的分析和监测。

4. 设备应用

该实验室能够进行全尺寸客机、运输机、军用飞机、直升机以及管道系统和机械结构的疲劳强度试验。该实验室获得俄罗斯国家认证当局（Rosstandard）和国际航空委员会的认可，授权进行如下领域的疲劳试验：航空结构、风电场和管道系统。部分典型试验见图 5 – 22。

（a）

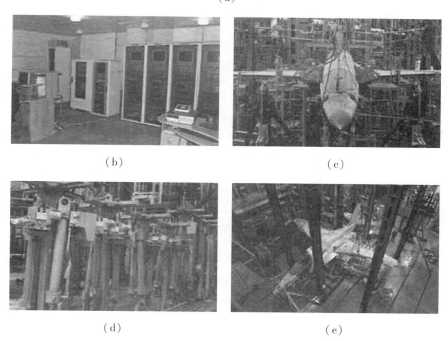

（b）　　　　　　　　　　　　　　（c）

（d）　　　　　　　　　　　　　　（e）

图 5 – 22　全尺寸结构与结构部件疲劳强度实验室典型试验

（照片取自 www. tsagi. com，TsAGI 95）

5.5.3　全尺寸飞机地面振动试验（GVT）与刚度试验实验室

全尺寸飞机地面振动试验（GVT）与刚度试验实验室是飞机振动试验单位，见图 5 – 23。

图 5 – 23　全尺寸飞机地面振动试验（GVT）与刚度试验实验室照片

（照片取自 www. tsagi. com，TsAGI 95）

1. 技术参数

刚度试验加载与数据采集系统：>100 通道

GVT 激励系统：16 通道

GVT 数据采集系统：>256 通道

GVT 低频气动悬挂系统：飞机刚体模式低于 1Hz

2. 设备概述

地面振动试验（GVT）与刚度试验实验室都是基于载重汽车和移动式试验台。主要用于对飞机进行振动试验和刚度试验，以确定结构的基本动态特性（自然振动模态、频率和模态阻尼比）和刚度特性（弹性线位置、弯曲/扭转刚度分布、刚度参数），以确认解析模型和物理模型（动力缩尺和弹性缩尺）。

这两个实验室均为活动实验室，并有移动式试验台，能够对重达 200000 ~ 260000kg 的全尺寸飞机结构进行试验。可以同时对结构的 16 个点进行激励，每个点的激励力为 50 ~ 2000N。数据采集共有 512 个通道。运行频率范围：0.1 ~ 1000Hz。

3. 试验能力

（1）机体振动试验，包括起落架试验；

（2）地面气动伺服弹性试验（飞行控制系统/机体 FRF 测量）；

（3）机体刚度试验。

4. 设备应用

该实验室能够对全尺寸客机、运输机、作战飞机、直升机以及其他机器进行试验。在该实验室中进行过的全尺寸飞机及其部件试验有"雅克"– 130 UBS、"苏"– 35、"安"– 148、SSJ 100、"T"– 50 以及吊舱安装的 SAM – 146 发动机等。部分试验场景见图 5 – 24。

图 5 – 24　全尺寸 GVT 与刚度试验实验室典型试验

（照片取自 www. tsagi. com，TsAGI 95）

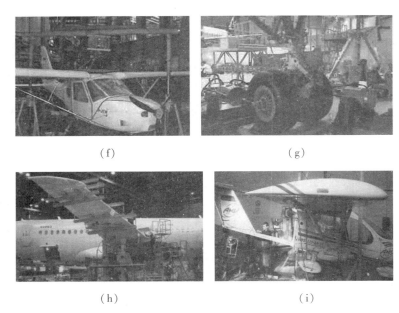

（f）　　　　　　　　　　（g）

（h）　　　　　　　　　　（i）

图 5 – 24　全尺寸 GVT 与刚度试验实验室典型试验（续）

（照片取自 www. tsagi. com，TsAGI 95）

5. 5. 4　材料、零件、部件疲劳强度实验室

材料、零件、部件疲劳强度实验室是材料试验单位，试验设备见图 5 – 25。

图 5 – 25　材料、零件、部件疲劳强度实验室

（照片取自 www. tsagi. com，TsAGI 95）

1. 技术参数

加强地板：1500m² 加强列柱：5

油泵站能力：1500L/min 测量管线数：128

加载载荷：0~1000000kg 总工作区：3000m²

试验机器数量：20 试验频率：0~100Hz

电子显微镜分辨率：3nm 模型长度：0~6000mm

2. 设备概述

材料、零件、部件疲劳强度实验室致力于研究材料疲劳及抗裂纹扩展的特性、结构耐久性和生存力、腐蚀和温度对疲劳强度的影响，也研究零件磨损。实验室装备有加强地板和列柱，能够提供高达10000kg的静、动态载荷。

实验室装备有先进的液压电动试验机（20台）、机械电动试验机（2台）和特种磨损试验设备。试验温度范围：-70~180℃。还装备有容积为1m³的气候试验室以及分辨率为3nm的电子显微镜和测量装置，能够进行断口组织图纹的研究。

实验室分别在1995年、2000年、2007年和2009年进行过升级改造。获得了俄罗斯国家标准登记局IAC和联邦铁路局的认证。

3. 试验能力

（1）静态试验；

（2）疲劳试验；

（3）振动试验；

（4）循环和静态断裂强度；

（5）残余强度；

（6）磨损试验；

（7）环境试验；

（8）协同试验（载荷、温度）；

（9）断口组织图纹研究。

4. 设备应用

实验室进行过各种常规金属和复合材料结构部件试验，试验状态包括定常加载、准随机加载和应力—应变集成状态。研究了断裂强度参数、腐蚀和温度对疲劳强度的影响。几乎所有的俄罗斯飞机在选择材料时都应用了该实验室的试验数据。还进行过缩尺和全尺寸直升机结构部件的振动强度试验。试验场景见图 5-26。

（a） （b）

（c） （c）

图 5 - 26　材料、零件、部件疲劳强度实验室典型试验

（照片取自 www. tsagi. com，TsAGI 95）

5.5.5　RK - 1500 声学混响室

RK - 1500 声学混响室是声载荷试验单位，试验设备见图 5 - 27。

图 5 - 27　RK - 1500 声学混响室照片

（照片取自 www. tsagi. com，TsAGI 95）

1. 技术参数

试验段：14.6m × 9.2m × 11.2m　　　　试验段容积：1504m³

声压：164dB　　　　　　　　　　　　工作频率：45 ～ 10000Hz

发声器功率：1200kW

数据采集/处理系统：256 个通道，数据处理速率 200kHz/通道

自动控制系统：声压频谱密度控制，载荷模拟精度 ±3dB，动态控制范围 ±20dB

其他系统：局部隔声系统（结构的 4 个区），4 通道；用于某些箱体和座舱结构试验的压力冲击系统

2. 设备概述

RK – 1500 声学混响室主要用于研究各种声载荷下的飞机强度和疲劳特性。设备尺寸和容积大，可进行全尺寸试验。声压场通过与试验段连接的喇叭发声系统产生。能够在单独的密闭箱体和座舱中隔离单个结构部件并施加压力冲击。有一个特殊的试验准备厅，里面安装有吊车用于试验件的组装、测量仪器的安装以及故障检测。RK – 1500 安装有自动数据采集/处理系统与控制系统。

该设备是一个独一无二的试验设备，其试验段的声功率与声压水平比欧洲、美国同类设备高 3 ～ 4 倍，噪声强度自动控制，试验声载荷频率范围宽，能够进行大尺度试验模型声学试验，试验模型尺寸可达 11m。

3. 试验能力

（1）航空、航天试验模型在强声场中的强度、疲劳与认证试验；

（2）机电系统功能检验研究；

（3）隔声方法与手段研究以及噪声对人类和自然环境的影响研究。

4. 设备应用

在该设备中可进行航空、航天飞行器大尺度结构部件和辅助设备的声学试验。部分典型试验见图 5 – 28。

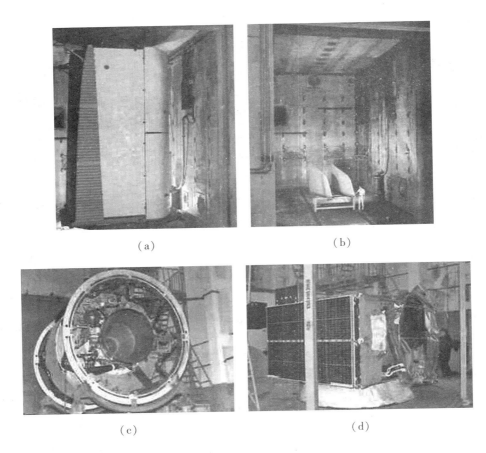

（a） （b）

（c） （d）

图 5 – 28　RK – 1500 声学混响室典型试验

（照片取自 www. tsagi. com，TsAGI 95）

5.5.6　合成材料样件、零件和部件试验实验室

合成材料样件、零件和部件试验实验室是材料实验室设备，见图 5 – 29。

图 5 – 29　合成材料样件、零件和部件试验实验室

（照片取自 www. tsagi. com，TsAGI 95）

1. 技术参数

试验厅面积：600m^2

盐雾舱：$V_{\text{oper}} = 1.2 \text{m}^3$，$T = 25 \sim 55°C$

太阳辐射舱：$P = 7.5 \text{kW}$，$N_{\text{rev}} = 28$，$T = 40 \sim 63°C$，湿度 $50\% \sim 60\%$，雨、露模拟

小型气候舱，冷／热／湿度：$V_{\text{oper}} = 0.769 \text{m}^3$，$T = -65 \sim 180°C$，湿度 $10\% \sim 98\%$

中型气候舱，冷／热／湿度：$V_{\text{oper}} = 9.6 \text{m}^3$，$T = -75 \sim 150°C$，湿度 $10\% \sim 98\%$

中型气候舱，冷／热／湿度，可分为两个独立试验段：$V_{\text{oper}} = 25.2 \text{m}^3$ 或 $2 \times 12.5 \text{m}^3$，$T = -70 \sim 90°C$，湿度 $10\% \sim 98\%$

主气候舱，冷／热／湿度：$V_{\text{oper}} = 800 \text{m}^3$，$T = -70 \sim 90°C$，湿度 $40\% \sim 98\%$

热冲击舱分冷、热两个区，从冷区上升进入热区（反之亦然）：$V_{\text{oper}} = 0.512 \text{m}^3$，$T = -80 \sim 50°C$ 或 $T = 60°C \sim 180°C$

可拆卸舱（用于将复合材料结构置于湿度、热／湿度中）：$V_{\text{oper}} = 30 \text{m}^3$，$T = 50 \sim 90°C$，湿度 $60\% \sim 90\%$

机电加载系统：21 个力发生器

"Strela" 数据处理系统（控制载荷）：24 通道

数据测量系统（应变测量，监测载荷并测量 "Prochnost – 10000" 结构的角位移和线性位移）：10000 通道

元件表面加热系统：每个 160A，有 15 通道

高／低温条件下工作的一组机械运动传感器：15 个

2. 设备概述

合成材料样件、零件和部件试验实验室主要用于试验飞机材料和结构零部件全尺寸样件在标准环境和组合环境天气条件下（即：零上／零下温度、增加湿度、盐雾和紫外辐射等）的性能。试验件由多通道监测系统加载，试验件可通过两种方式加热：一是多通道红外（IR）加热系统加热，二是气候室加热系统加热。结构应力—应变状态通过多通道高速数据测量系统进行试验。

根据试验要求，该实验室可以施加推力载荷，也可以施加拉力载荷。机电加载系统可以施加 400000kg 的力载荷。试验台和加载系统具有多用途加载组件，能够快速满足特殊的结构加载要求。该实验室可同时对多个试验件进行试验。

3. 试验能力

（1）独立零件、全尺寸结构部件和材料样件在零上/零下温度、增加/降低相对湿度、盐雾和紫外辐射等条件下的静态试验；

（2）残余强度试验，通过应变仪测量、线性位移传感器测量位移等方法研究零上/零下温度、增加/降低相对湿度条件下的结构应力—应变状态；

（3）零件与系统工作认证。

4. 设备应用

该实验室主要在室内温度及多种气候条件下对民用飞机零件及其他全尺寸结构和模型进行静态试验。部分典型试验见图 5 - 30。

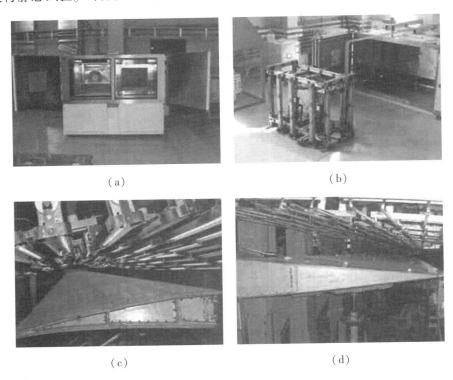

（a）　　　　　　　　　　　　　（b）

（c）　　　　　　　　　　　　　（d）

图 5 - 30　合成材料样件、零件和部件试验实验室静态试验

（照片取自 www. tsagi. com，TsAGI 95）

5.5.7　部件和连接件静强度与鲁棒性研究实验室

部件和连接件静强度与鲁棒性研究实验室是零件耐用性试验单位，设备见图 5 - 31。

图 5 - 31　部件和连接件静强度与鲁棒性研究实验室

（照片取自 www. tsagi. com，TsAGI 95）

1. 技术参数

载荷范围：0 ~ 500000kg　　　　　试件最大长度：6000mm

试验机器数量：11　　　　　　　　总工作区：700m²

油泵站总效率：650L/min

2. 设备概述

部件和连接件静强度与鲁棒性研究实验室主要用于研究金属和合成材料飞机结构部件与连接件的静强度和鲁棒性。装备有最新一代液压电动和机械电动设备，它们都装有数控系统和数据采集系统。该实验室能够在较高和较低的温度条件下进行试验，试验温度范围：- 70 ~ 300℃。该实验室是"Prochnost" MAC 航空试验中心注册成员。

该实验室具有许多高精度现代试验设备，加载能力强，测量仪器先进，有非接触位移激光仪、阻力应变仪和数字变形测量仪等。能够进行多种尺寸试件以及大尺寸结构的试验。

3. 试验能力

（1）材料试件、结构部件和连接件的静强度试验；

（2）大尺寸多凹槽翼板和各种结构部件屈曲试验；

（3）残余强度试验；

（4）硬度试验；

（5）冲击试验；

（6）低周期疲劳试验。

4. 设备应用

该实验室对金属、复合材料和混合材料标准试件、结构零件和连接件进行静载荷试验。研究运行载荷和极限应变状态下试件的强度和屈曲特性，并确定金属—复合材料连接件的应变状态参数。典型试验见图 5 - 32。

（a）　　　　　　　　　　　　（b）

（c）　　　　　　　　　　　　（d）

图 5 - 32　部件和连接件静强度与鲁棒性研究实验室静载荷试验

（照片取自 www.tsagi.com，TsAGI 95）

第6章 数值风洞和结构强度分析系统

6.1 数值风洞

1. 风洞概述

数值风洞（Numerical Wind Tunnel，NWT），俄罗斯称为电子风洞（Electronic Wind Tunnel，EWT），即通常所称的计算流体动力学（Computational Fluid Dynamics，CFD），它是计算机科学、航空工程、计算流体力学和数学等多学科发展的产物。数值风洞由硬件——大型计算机和软件——各种软件包组成。TsAGI 开发的 EWT 软件包主要用于自由流和风洞中的飞机及其部件复杂构型的流场数值模拟，见图 6 - 1。

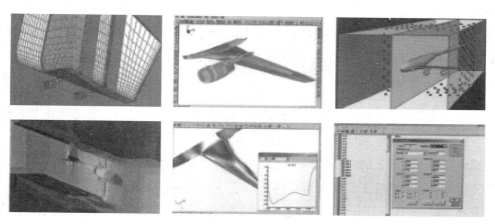

图 6 - 1 数值风洞计算机屏显结果

（照片取自 www.tsagi.com，TsAGI 95）

EWT 软件包由以下部分组成：

EdSurface：用于创建表面网格的高技术编辑程序；

Grid maker：用于创建三维结构计算网格的网格建立程序；

A3 Solver：基于单调二阶数值算法的解算器，用于解算欧拉方程（通过多处理器并行实现）；

V3 Solver：基于单调二阶数值算法的解算器，利用封闭的 $k - C$ 湍流模型解算雷诺方程（集群实现）；

TaskWizard：代码生成控制文件用来运行 V3 Solver、控制计算和数据输出；

FieldCrosser：通过任意面的三维流场交叉；

Viewer，FieldEditor：显示器和后处理系统用于解释数值结果；

FieldConverter：把数据转换成 CGNS 格式、网格可视化以及选择边界条件的代码。

2. 工作步骤

（1）利用最适合的图像系统准备三维几何外形，把数据转换成 3D TECHPLOTDAT 网格格式；

（2）利用 EWT 转换器把网格从 3D TECHPLOTDAT 格式转化成 APT 内部格式，要用到 EdSurface 代码；

（3）物体表面自相容修补的准备，要用到 EdSurface 代码；

（4）准备三维块网格，所有的网格块都基于上一步骤准备的自相容修补；

（5）利用 A3 Solver 代码和 V3 Solver 代码，在准备好的计算网格上计算流场；

（6）利用 Viewer 代码和 FieldEditor 代码，研究准备好的几何外形上三维流动的主要特征。

附加步骤：三维流场交叉：对于 A3 Solver，用 FieldCrosser 代码；对于 V3 Solver，用 TaskWizard 代码；用 FieldCrosser 代码把数据转换成 CGNS。

3. 应用建议

使用自适应多块结构网格创建飞机数值模拟的复杂数学模型，它能够很好地描述几何外形，并使选择区域能显著改善解的节点集中。

被建模物体表面上的自然线用于把网格块一个个地连接起来。如果考虑机翼，翼型的尖后缘可用于连接上部和下部的网格块。该技术能够创建连续而非平滑表面，由于在所有点缺少连续可微函数，导致解中的局部出错；但是，能够模拟极为复杂几何形状飞机周围的气流。

带有正交网格单元的多块网格是实现数值方法的最好选择。这样一个在两个网格块之间边界线上的网格，如果是坐标的，满足以下要求：①网格单元的边在相邻网格块的边界上重合；②与网格块之间的边界垂直的网格线几乎是平滑的；③相邻网格块边界上同一方向的所有网格线具有相同数量的节点。可以创建非坐标网格，此类网格可利用 Grid Maker 代码创建。它可以修正和调整各个网格块，创建三维网格并验证网格的质量。

FieldEditor 后处理代码增强了获得流场的能力。可以通过一个内置计算器生成新流场，新流场是已有流场解的导数。此外，对被选择部分的表面有可能确定整体特性，并沿着飞机表面的任意部分绘制结果曲线。

6.2　ARGON 多学科分析与飞机结构优化系统

1. 系统概述

ARGON 系统对飞机结构设计进行多学科分析和优化，见图 6-2。可以在不同设计阶段高效地满足合成材料以及金属材料机体结构和部件在强度和气动弹性方面的设计要求，并进行现役飞机改型相关参数研究。

该系统由两级结构组成：第一级模型——PFM 模型，通过连续规定表格模型方法解决气动弹性和载荷问题；第二级模型——FEM 模型，用于确定强度特性。两级模型方法提供了必要的效率和精度，并能够与 TsAGI 和俄罗斯设计局的常规方法一致。利用该系统，用户可以对各种构型（包括非常规构型）的飞机结构进行多学科设计。

为了方便用户使用，该系统还包括图像预处理和后处理器、控制系统编辑器、FEM 模型分析的信息检索系统和结构分析分级数据库。该系统还可与 NASTRAN 系统进行数据交换。

该系统能够进行包含以下学科的飞机结构设计：飞机线性空气动力学、特定飞行参数下的准静态载荷、考虑控制系统操作的非定常飞行载荷、阵风和连续扰动下的动态载荷、结构应力—应变状态、模式分析、静气动弹性、颤振、带控制系统飞机的气动伺服弹性稳定性、结构优化。

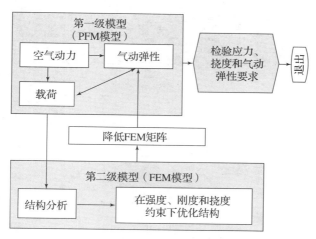

图 6-2　ARGON 多学科分析与飞机结构优化系统

2. 软件能力

（1）飞机结构及其部件的设计和分析；

（2）柔性飞机阻力和升阻比计算；

（3）气动力关于气动弹性和载荷计算的修正；

（4）考虑升阻比的结构优化；

（5）气动弹性模型的设计；

（6）使用寿命评估。

3. 系统应用

该系统已在许多国家和外国飞机企业中得到应用，并已使用了 20 多年。该系统在俄罗斯/苏联主要飞机的设计中都得到了应用，例如，"苏" – 47、"米格" – 29、"苏" – 30、SSJ 100、T – 50、MC – 21 等飞机的各种强度和气动弹性问题研究，见图 6 – 3。该系统还应用到许多国际研究项目中，如飞翼、第二代超声速客机、主动气动弹性机翼、新型载荷减轻等项目。

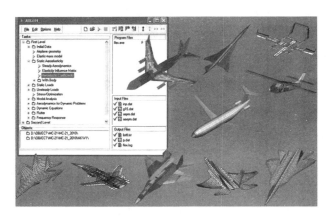

（a）

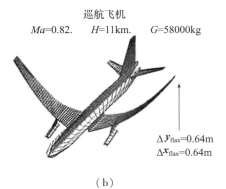

（b）

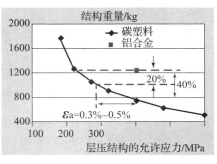

（c）

图 6 – 3 ARGON 系统应用

（取自 www. tsagi. com，TsAGI 95）

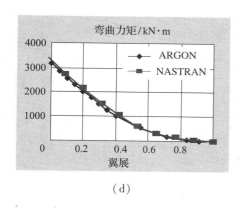
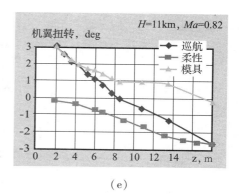

（d）　　　　　　　　　　　　　　　（e）

图 6 - 3　ARGON 系统应用（续）

（取自 www. tsagi. com，TsAGI 95）

6.3　ProDeCompoS 软件系统

1. 系统概述

ProDeCompoS 软件系统是一个提供复合材料结构损伤容限和可靠性的自动系统，涵盖产品的全寿命周期，见图 6 - 4。在选择（设计分析）阶段作为评估强度和损伤容限参数的分析工具，并在技术工艺和工程方案考核（审核分析）以及根据产品要求的安全性和可靠性指标提出建议的过程中作为分析工具。其工作框图如图 6 - 5 所示。

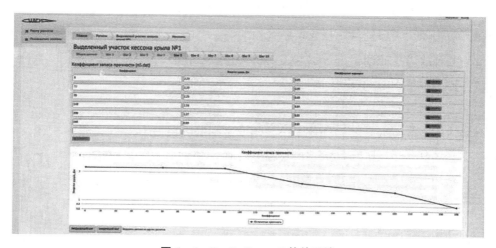

图 6 - 4　ProDeCompoS 软件系统

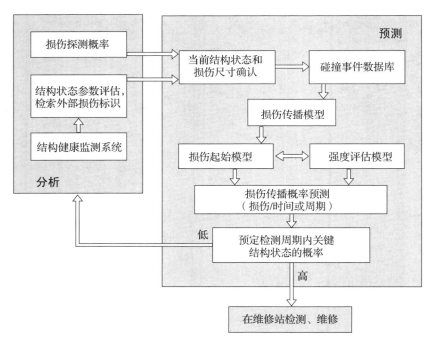

图 6 – 5　ProDeCompoS 软件工作框图

该软件系统基于概率方法的应用，并预测结构的故障概率。这样，能够获得更可靠的安全性和可靠性参数，并大大提高复合材料在飞机主要结构部件中的应用效率。

2. 软件能力

该软件实现考虑如下因素的概率建模方法：

（1）结构使用寿命内的随机飞行载荷；

（2）粘合故障、表面损伤等引起的随机突发裂纹；

（3）各种损伤引起的随机影响；

（4）随机热载对结构的影响；

（5）强度参数衰变与各种损伤大小、性质之间的关系；

（6）每种结构探测方法探测裂纹或损伤（取决于其大小）的概率；

（7）结构维修后的强度恢复系数（取决于维修场站或外场条件）；

（8）决定结构可靠性和安全性参数的降低（取决于所处使用寿命的阶段）；

（9）结构定期检测计划；

（10）基于客户端—服务器结构和应用最新信息技术成果的新版 ProDeCompoS 软件系统已在设计之中。

3. 系统应用

该软件已经使用超过 15 年了，曾经应用在与美国联邦航空局合作的研制 MS – 21 机翼扭力翼盒的国际研究项目中。该软件还应用在其他飞机的结构设计中。应用例子见图 6 – 6。

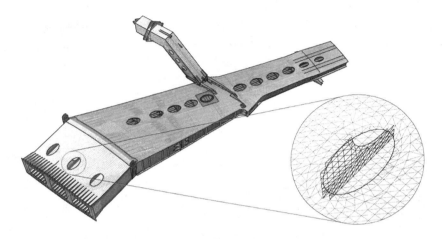

图 6 – 6　**ProDeCompoS** 软件模拟

第7章 气动弹性和风工程试验能力

7.1 气动弹性模型设计与加工

气动弹性模型设计与加工是风洞气动弹性试验的基础技术。气动弹性模型参数测试见图 7 – 1。

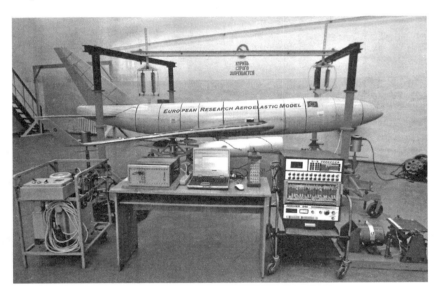

图 7 – 1 气动弹性模型

（照片取自 www. tsagi. com，TsAGI 95）

1. 技术参数

亚声速风洞 T – 103 和 T – 104 中的动态缩尺模型尺寸：翼展 5.4m；模型长度 6.0m。

跨声速风洞 T – 128 中的动态缩尺模型尺寸：翼展 2.0m；模型长度 2.5m。

模型上装有加速计、应变计、应变天平、压力传感器和电液压作动器。模型示意图见图 7 – 2。

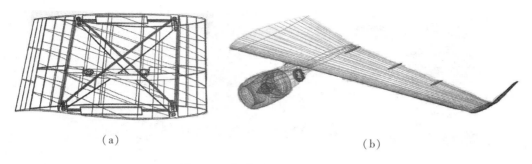

　　（a）　　　　　　　　　　　　　　　　　　　　（b）

图 7 - 2　气动弹性动态缩尺模型

2. 概述

　　在风洞中研究气动弹性问题需要用到各种类型的动态缩尺模型（DCM）和弹性缩尺模型（ESM）。TsAGI 具有各种气动弹性模型的设计和加工能力，如商务机、运输机、战斗机和建筑结构等。加工过程中的模型检验在特殊试验台上进行，试验台配有高精度测量仪器，包括非接触激光测量系统。

　　在加工过程中，模型上安装了精密传感器、控制表面作动器、激振器和安全装置。可互换的模型部件扩大了试验研究的范围。模型广泛使用快速原型加工技术和复合材料。

3. 能力

　　气动弹性模型可提供所需相似尺度下的高精度模拟，并能复现刚度分布、惯性和几何特性。

4. 应用

　　TsAGI 加工了各种气动弹性模型，例如，Embraer ERJ - 190、"MC" - 21 短、中程飞机机翼模型、先进商务飞机研究模型（欧洲计划的"3AS"）、悬臂控制表面、先进机动飞机的全模等。试验场景见图 7 - 3。

　　（a）　　　　　　　　　　　　　　　　　　　　（b）

图 7 - 3　气动弹性模型典型试验

（照片取自 www. tsagi. com，TsAGI 95）

（c） （d）

图 7 – 3 气动弹性模型典型试验 （续）

（照片取自 www. tsagi. com，TsAGI 95）

7.2 弹性模型风洞试验能力

弹性模型风洞试验是 TsAGI 风洞一个重要试验能力，见图 7 – 4。

图 7 – 4 气动弹性模型在风洞中试验

（照片取自 www. tsagi. com，TsAGI 95）

1. 技术参数

用于亚声速风洞 T – 103 和 T – 104 的动态缩尺模型尺寸：翼展 5.4m，模型长度 6.0m。

用于跨声速风洞 T – 128 的动态缩尺模型尺寸：翼展 2.0m，模型长度 2.5m，模型上装有加速计、应变计、应变天平、压力传感器和电液压作动器。

2. 概述

在亚声速和跨声速风洞中的气动弹性（动态和弹性缩尺）模型试验是结构优化的重要一步，可以证明飞机在危险的气动弹性现象下的安全性和验证动态载荷。模型上装有加速计、应变计、应变天平和压力传感器，采用微小的电液压作动器使气流中结构产生强迫振动。

　　试验监测、数据记录、实时和后期处理由辅助的高速数据采集系统和模型测量仪器（主要是加速计和应变计）完成。为防止在跨声速和超声速风洞中损坏模型，要采用适当的安全控制装置。

　　可进行各种动态缩尺模型（DSM）和弹性缩尺模型（ESM）试验。模型用专用悬挂系统安装在风洞中，尽可能地模拟真实自由飞行条件。

3. 试验能力

（1）抖振；

（2）颤振；

（3）静态气动弹性；

（4）来自连续湍流和单个阵风的动态加载；

（5）风对高层建筑和工程结构的影响。

4. 技术应用

试验数据用于验证飞机和工程结构在气动弹性现象下的安全性。

　　试验设备通过了俄罗斯联邦技术规范与计量局（FATRMRF）和联邦航空委员会（IAC）的认证。

　　大量气动弹性模型在 TsAGI 风洞中开展过试验，例如，SSJ – 100、"雅克" – 130 UBS 战斗教练机，"苏" – 27 KUB，Embraer ERJ – 190 等飞机。也开展了许多建筑模型的试验，例如：位于莫斯科的俯首山纪念碑，横跨鄂毕河（苏尔古特市）和莫斯科 Serebryany Bor 的拉索桥和其他建筑。部分典型试验见图 7 – 5。

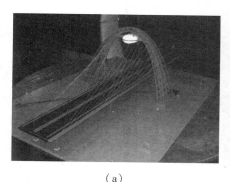
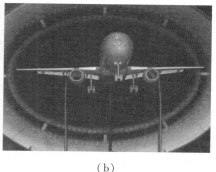

（a）　　　　　　　　　　　　　　　（b）

图 7 – 5　气动弹性模型典型风洞试验

（照片取自 www.tsagi.com，TsAGI 95）

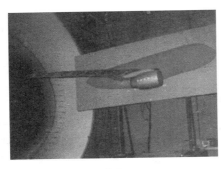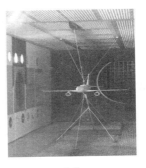

（c）   （d）

图 7 - 5　气动弹性模型典型风洞试验（续）

（照片取自 www. tsagi. com，TsAGI 95）

7.3　风工程试验能力

桥梁风洞试验是一种常见的风工程试验，见图 7 - 6。

图 7 - 6　桥梁风洞试验

（照片取自 www. tsagi. com，TsAGI 95）

1. 技术参数

在 T - 103 风洞中的技术参数如下：

试验段：2. 33 ×4. 0m　　　　试验风速：5 ~80m/s

模型缩比：1/20 ~1/60　　　模型长度：2 ~2. 5m

试验在研究气动弹性和桥梁载荷的特殊试验台上进行。模型能够模拟桥梁结构的质量、惯性和刚度，并保持桥梁模型与真实桥梁的动态相似。

在 T - 101 风洞中的技术参数如下：

试验段：24×14m　　　　　　试验风速：5～52m/s

模型缩尺比：1/10～1/100　　　模型长度：20m

当使用 1/100 缩尺比时，可以模拟整个建筑或桥梁。模型可以模拟桥梁结构的质量、惯性和刚度，并保持桥梁模型与真实桥梁的动态相似。

2. 概述

对于风载影响，TsAGI 已经研究了多年。TsAGI 在桥梁、建筑物和其他物体受风作用时的气动载荷、动稳定性研究方面积累了大量经验。TsAGI 拥有设计和制造任何复杂水平的动态缩尺模型的技术和可靠分析程序。

TsAGI 能安全、迅速、高质量地研究和解决桥梁、建筑的安全性和稳定性问题，这得益于他们的一些实验基础和能力，例如：大型风洞、前沿实验设备、快速原型系统、数控机床和人员的专业素质。

3. 能力

（1）动态缩尺模型高精度和快速加工，使用快速原型系统能够详细地复现真实物体的缩尺几何外形；

（2）通过高精度应变天平测量作用在整体或部分建筑物的气动力；

（3）通过位于指定位置的动态压力传感器和多通道数据采集系统测量风压分布数据。

4. 技术应用

大量拉索桥在 TsAGI 的大风洞中开展过试验，如苏尔古特市附近跨鄂毕河的桥梁、跨莫斯科河桥梁、跨杜布纳城伏尔加河桥梁、跨萨马拉河桥梁、跨博斯普鲁斯海峡东方通道桥梁等。建筑和纪念碑等建筑物也开展过类似试验，如电视塔和俯首山纪念碑。部分典型风工程试验见图 7-7。

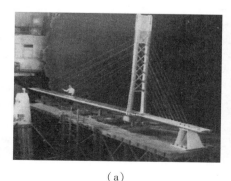

（a）　　　　　　　　　　　　　　（b）

图 7-7　典型风工程试验

（照片取自 www.tsagi.com，TsAGI 95）

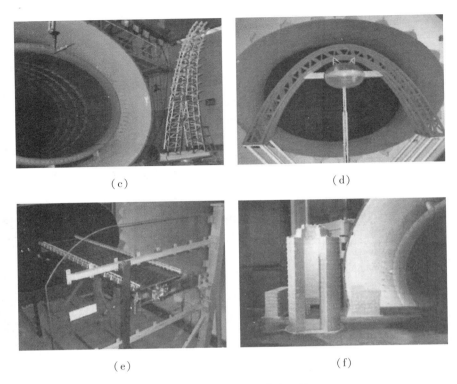

（c）　　　　　　　　　　　　　（d）

（e）　　　　　　　　　　　　　（f）

图 7 - 7　典型风工程试验 （续）

（照片取自 www. tsagi. com，TsAGI 95）

附录1　中央机械制造研究院风洞试验设备

1. 概述

中央机械制造研究院（Central Research Institute of Machine Building）是俄罗斯联邦航天局（FSA）下属的国家联合企业。1946年5月13日苏联部长会议通过了关于发展运载武器的第1017-419决议，根据这个决议精神，1946年8月26日，苏联装备部发布第246号令，以莫斯科附近加里宁格勒市（现在的柯拉廖夫市）的装备部第88炮厂为基础组建国家联合导弹武器研究所（NII-88），主要担负发展远程导弹、防空导弹和远程巡航导弹的任务。1967年，国家联合导弹武器研究所更名为中央机械制造研究院。

20世纪50年代，NII-88开始负责防空导弹研制工作，发展了射程270~550km的"R"-1、"R"-2导弹，后来致力于远程弹道导弹研制工作，先后发展了"R"-5M（射程1200km）"R"-7弹道导弹。60年代，NII-88以"R"-7弹道导弹为基础发展了卫星运载火箭，并致力于卫星和太空飞行器相关技术研究。70年代，开展了升力体空气动力学、可重复使用太空系统研究。在航空气体动力学、热传导、结构材料强度等领域开展了大量试验研究。经过70年的发展，中央机械制造研究院已成为俄罗斯最大的火箭和太空技术试验研究中心，是俄罗斯和国际太空项目的重要参与者。

中央机械制造研究院起初隶属苏联国防技术委员会；1965年，隶属苏联通用机械工程部；1992—1999年，隶属俄罗斯航天局；1999—2004年，隶属俄罗斯航空航天局；2004年以来，隶属俄罗斯联邦航天局。中央机械制造研究院的主要任务是：

（1）系统研究火箭和太空技术发展规划，确定俄罗斯联邦太空活动国家战略；

（2）太空运载器和航天飞机的航空气体动力学、热传导和结构强度的理论和实验研究；

（3）有人/无人太空舱和空间站飞行控制；

（4）审定科技规划，支持定位、导航和同步辅助设备的设计发展；

（5）确保火箭和太空技术的质量、可靠性和安全性；

（6）火箭和太空技术的标准化、认证和统一。

中央机械制造研究院的领导层包括：院长 1 名；第一副院长 2 名，一个负责经济、财务和资产，另一个负责管理、协调和计划；副院长 8 名，分别负责科学研究、兼任 4 个科技中心主任、一般问题、人事、安全；总工程师 1 名。

中央机械制造研究院的科研工作主要集中四个科学技术研究中心，即：任务控制中心、系统设计中心、应用研究中心以及信息和分析中心（用于定位、导航和同步支持）。

中央机械制造研究院的空气动力学试验设备和研究工作主要集中在应用研究中心，该中心的主要研究领域是空气动力学、气体动力学、热传导、热防护、热模型；热静力学、振动、激波和疲劳强度；反流星防护、火箭太空技术项目的飞行动力学等。

中央机械制造研究院应用研究中心的试验设备主要有四大类：热传导设备、航空气体动力学设备、结构集成设备、动力学设备。

在风洞建设方面，20 世纪 40 年代末建设了小型跨超声速风洞，如 U－1、U－2、U－3；50 年代建设了一批中等尺度的高超声速风洞，如 U－6、U－7、U－8、U－9、U－11、U－12、U－13；六七十年代建设了一批较大尺度的跨超声速和脉冲风洞，如 U－3M、U－4M、U－16、U－21 等；80 年代又配套建设了一批综合试验设备，如弹道靶、多用途活塞气动设备等。

20 世纪 90 年代以后，随着苏联解体，航空航天型号研制任务减少，试验设备的维持和使用也受到一定影响。目前，中央机械制造研究院主要风洞试验设备约 22 座，其他航天试验设备 6 座。

2. 主要风洞和气体动力学设备

1）U－3M 和 U－4M 亚声速和跨声速变密度风洞

U－3M 是引射回流式亚/跨/超三声速变密度风洞；U－4M 是暂冲式变密度超声速和高超声速风洞，二者都于 1975 年建成，风洞示意图见附图 1－1 和附图 1－2。

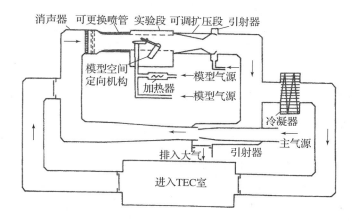

附图 1 – 1　U – 3M 风洞

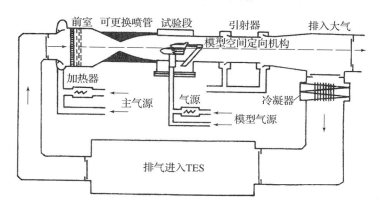

附图 1 – 2　U – 4M 风洞

（1）技术参数：

	U – 3M 风洞	U – 4M 风洞
马赫数：	0.2 ~ 4.5	1.8 ~ 6.0
雷诺数：	$(0.8 ~ 1) \times 10^8/\mathrm{m}$	$2 \times 10^8/\mathrm{m}$
总压：	$(0.05 ~ 8) \times 10^5 \mathrm{Pa}$	$12 \times 10^5 \mathrm{Pa}$
动压：	$(0.01 ~ 2) \times 10^5 \mathrm{Pa}$	$(0.01 ~ 2) \times 10^5 \mathrm{Pa}$
总温：	473K	823K
试验段：	0.6m × 0.6m × 2.8m	0.6m × 0.6m × 2.8m
模型尺寸：	直径 0.2m，长 0.8m	直径 0.2m，长 0.8m

（2）主要用途：两个风洞主要用于运载器及再入体的亚/跨/超和高超声速气动特性研究，包括静动态气动力特性、脉动压力和压力分布（模拟喷流和级间分离）、动稳

定性、作用于喷管或气动控制面的铰链力矩、进气道特性等。进行过各种运载器、火星和金星探测器的型号试验研究。

2）U-21 亚/跨/超声速变密度风洞

U-21 是亚/跨/超声速变密度风洞，可采用引射暂冲或连续回流两种运行方式，1987 年建成，风洞示意图见附图 1-3。

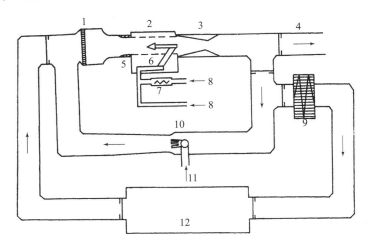

附图 1-3 U-21 风洞

1—前室；2—试验段；3—可调扩压段；4—排入大气；5—可更换喷管插件；6—模型空间定位装置；7—加热器；
8—模型气源；9—冷却器；10—引射器；11—主气源；12—TES。

（1）技术参数：

马赫数：0.2~1.2，1.8　　　　雷诺数：$(0.04~100) \times 10^6/\text{m}$

总压：$(0.01~7.6) \times 10^5 \text{Pa}$　　动压：$(0.04~3.7) \times 10^5 \text{Pa}$

试验段：$1.4\text{m} \times 1.4\text{m} \times 5.6\text{m}$　　模型尺寸：直径 0.2m，长 0.8m

（2）主要用途：该风洞主要用于再入体的亚/跨/超声速气动特性研究，包括静动态气动力特性、脉动压力和压力分布、抖振、动稳定性、作用于喷管或气动控制面的铰链力矩、喷流等。进行过 Soyuz、Kosmos、Zenit 等运载器、海底发射运载器、火星探测器、美国火星微探测登陆器等型号试验研究。

3）U-306-3 大尺度超声速和高超声速风洞

U-306-3 是引射暂冲式超声速和高超声速风洞，1991 年建成，风洞示意图见附图 1-4。

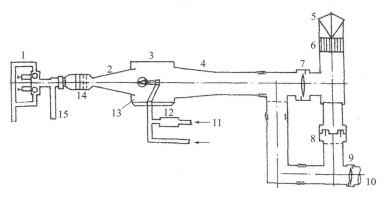

附图1-4　U-306-3风洞

1，12-加热器；2-可更换喷管；3-试验段；4-可更换扩压段；5-至大气；6-排气消声器；7，9-截止阀；
8-旁路安全阀；10-至TES；11-模型气源；13-模型进入和空间定位机构；14—前室；15—主气源。

（1）技术参数：

马赫数：2~10

总压：$(0.01 \sim 7.6) \times 10^5 \mathrm{Pa}$

喷管：直径1.2m

模型尺寸：直径0.4~0.6m，长0.4~0.6m

雷诺数：$(0.04 \sim 100) \times 10^6 / \mathrm{m}$

动压：$(0.04 \sim 3.7) \times 10^5 \mathrm{Pa}$

试验段：直径2.5m，长6.5m

试验时间：5~600s

（2）主要用途：该风洞建成于1981年，主要用于太空飞行器超声速和高超声速气动特性研究，包括静/动态气动力特性、脉动压力和压力分布（模拟喷流和级间分离）、扩散特性、模型表面温度和热流分布等。进行过Soyuz运载器和再入体、火星探测器等型号试验研究。

4）通用弹道设备（VBF）

VBF是一座超高速弹道靶设备，风洞示意图见附图1-5。

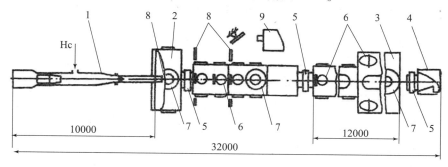

附图1-5　通用弹道设备（VBF）

1-二级氢气炮；2-工艺技术室；3-测量室；4-模型收集器；5-隔膜；

6-光学窗口；7-入口；8-飞行传感器；9-高速室。

（1）技术参数：

发射管口径：12.7mm，13.7mm　　抛射物直径：2～13mm

抛射物质量：5g　　　　　　　　发射速度：4～7km/s

压力管道总长：20m　　　　　　管道压力舱直径：0.8m，1.5m

管道压力：150～10^5Pa

（2）主要用途：通用弹道设备用于太空防护抗碎片冲击试验研究。能够进行防护和弹道边界鉴定试验，研究穿透或高速变形带来的偶发情况，确定高压室环境中激波过程参数等。

5）大型活塞气体动力学多级压缩设备（高超声速 PGU－7、多用途 PGU－11、高压射流发生器）

PGU－7 和 PGU－11 是大型非等熵多级压缩活塞驱动风洞，分别建成于 1954 年和 1986 年，PGU－7 的喷管可在 PGU－11 上使用，见附图 1－6。PGU－11 则是一座由多个气流回路共用一个试验段组成的多用途风洞，如它还包括一套高压射流发生器系统，一套脉冲式跨声速风洞系统（不确定是否仍在使用）。PGU－7 和 PGU－11 被认为是世界最大的脉冲设备。

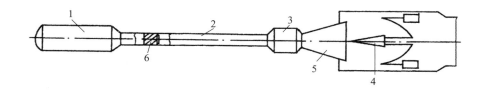

附图 1－6　PGU－7、PGU－11 风洞
1－容器；2－管道；3－稳定段；4－模型及横向传动装置；5－型面喷管；6－重活塞。

（1）技术参数：

马赫数：6～20　　　　　　　雷诺数：（0.1～300）×10^6/m

总压：250×10^6Pa　　　　　总温：3500K

喷管：直径0.4m，0.8m　　　试验段：直径1.4m，长6m

模型尺寸：直径0.4m，长1.5m　　试验时间：0.01～3s

（2）主要用途：PGU－7、PGU－11 和高压射流发生器主要用于高超声速空气动力学和太空飞行器热传导试验研究。开展发动机喷流模拟、级间分离、大气再入等大尺度模型试验，风洞配备的热测量装置能够获得测量数据的大量信息。"暴风雪"号航天飞机和法国"Hermes"航天飞机等航天飞行器在该设备进行过试验。

6）U-13VChp 高频感应气体加热风洞

U-13VChp 利用高频感应加热原理加热气体，能够提供干净的高熔气流，1982年建成。

（1）技术参数：

马赫数：0.3～2.5　　　　　　　　驻室压力：600～36000Pa

静压：500～20000Pa　　　　　　　总温：3000～8000K

功率：1000kW　　　　　　　　　　电磁场频率：440kHz

气流焓值：5～40MJ/kg　　　　　　试验气流直径：0.05～0.19m

试验段尺寸：0.8m×0.8m×0.8m　　模型尺寸：0.2m

试验时间：1000s

（2）主要用途：U-13VChp 主要用于火箭和太空飞行器热防护和热传导研究，如非平衡高温气体流热传导、热防护材料和防氧化涂层抗热催化反应、热防护材料寿命和演变、等离子流放射物理特性和磁场效应、高温离散气体冲击下的材料改性等。进行过俄罗斯"暴风雪"、法国"Hermes"、日本"Hope"等航天飞机热防护材料试验研究。

7）电弧射流气体动力学设备（U-15T-1、U-15T-2、TT-1、TT-2）

从1954年起，中央机械制造研究院陆续建设了一系列电弧加热气体动力学设备，用于火箭和太空飞行器热防护试验研究，发展了自由射流、亚声速包罩、平板、导管和轨道模拟等多种试验技术。U-15T-1、U-15T-2、TT-1、TT-2四座风洞建成于1977—1980年。

（1）技术参数：

加热器功率：0.1～40MW　　　　　　总温：700～12000K

总压：(0.01～2.5)×10⁶Pa　　　　　马赫数：最大到8

雷诺数：10^3～10^7/m

喷管直径：1m；0.085m，0.3m，0.5m；0.3，0.5m；0.04m，0.065m，0.09m，0.15m

试验段：直径2.2m，长4m；0.8m×0.8m×0.8m；0.8×0.8m×0.8m；
　　　　　0.6m×0.6m×0.6m

模型尺寸：0.2～1m

（2）主要用途：用于运载火箭和星际间太空飞行器热防护材料和涂层试验研究。开展过"能源"号、"暴风雪"号、火星探测器、洲际弹道导弹等防护材料的试验。

8）U-22 气体动力学真空舱

U-22 是模拟高空飞行环境中火箭发动机喷流的气体动力学试验设备，见附图 1-7。20 世纪 80 年代，中央机械制造研究院陆续建设了一系列气体动力学试验高空舱，U-22 是其中容积最大的一座，其他较小的设备，如 U-22M 等是否在用不详。

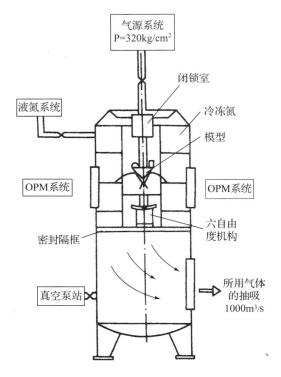

附图 1-7 U-22 气体动力学真空舱

（1）技术参数：

马赫数：10~20　　　　　　　　喷流雷诺数：1000~10^7/m

舱内压力：(0.13~30)×10^6Pa　　舱直径：8m

舱高度：20m　　　　　　　　　舱体积：1000m^3

（2）主要用途：研究各种大气条件下喷流特性、级间分离、高压/低压环境有害爆炸物质各种技术过程研究，可以进行真实航天发动机推进试验，开展过"暴风雪"号、"能源"号、空间站等试验。

3. 其他试验设备

1）PVK、UTT、U-2GD 热和声载荷、气体动力学试验设备

PVK、UTT、U-2GD 三座设备设计用于测量运载火箭及发射台的气体动力学、声学和热载荷，确定发射台的热阻特性，其中 UTT 设备示意图见附图 1-8。

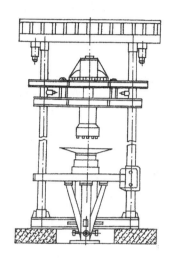

附图 1-8　UTT 气体动力学试验设备

（1）技术参数：

工作段尺寸：2m×2m×2m　　　　　　气体发生器舱压力：$2.0×10^7$Pa

试验介质温度：340~2800K　　　　　模型发动机推力：1000~1500kg

试验时间：3~5s　　　　　　　　　　模型尺寸：200mm

（2）主要用途：通过火箭发动机点火燃气流对发射台架、反射流对火箭底部的非定常气动力、热流、脉动压力和噪声等影响研究，开展过"能源"号、"联盟"号等发射运载火箭的试验研究。

2）UV-102、UV-104、UV-106、UV-107（带高压舱）高温脉冲气体动力学试验设备

UV-102、UV-104、UV-106、UV-107 是运载火箭发射、冲击载荷、级间分离等高温脉冲气体动力学试验研究设备，这些设备的试验参数覆盖范围如下。

（1）技术参数：

气体发生器舱压力：(1~25)×10^6Pa　　　气体发生器舱温度：2000~3700K

试验气体流量：0.5～2.0kg/s   比热比：1.15，1.25

试验时间：0.1s   模型缩尺：1:100～1:10

（2）主要用途：测量运载火箭发射时和应急动力关闭时的冲击波载荷，进行发射时冲击波载荷降低技术的试验研究、运载火箭级间分离和从太阳系星球脱离冲击波载荷的研究。开展过"东方"号、"质子"号等运载火箭起飞时的气体动力学试验研究。

3）TPTB 热物理试验台

（1）技术参数：

工作模式：自由产生/单脉冲

脉冲能量：600J/40J

功率密度：$1000～10^6 Wcm^2 / 10^7～5×10^9 Wcm^2$

脉冲时间：$1.5×10^{-3}s / 8×10^{-8}s$

最大斑点压力：$(30～35)×10^6 Pa$

试验舱压力：$1.3×10^{-4} Pa$

试验舱气体：空气、氮气、氧气、氩气、氦气或混合气体

（2）主要用途：该设备设计用于先进热防护材料试验，发展热防护材料在气体冲击特殊环境下的特性计算模型，如混合气体及其侵蚀物伴随强大电磁辐射冲击环境中的热防护材料特性。开展先进材料的冲击侵蚀特性测量、含有先进材料侵蚀物的高温混合气体化学组分光谱测定、含侵蚀物喷流对材料冲击侵蚀特性影响过程等研究活动。进行过六十多种先进结构、热防护和隔热材料的试验研究。

4）真空试验设备（U-16）

真空试验设备包括等离子发生器和加速系统研究试验台、太空材料零部件带电研究试验台、等离子发生器和电喷流发展试验台、加速器发展试验、太空环境和等离子系统模拟器五个试验设备，1964 年建成。

（1）技术参数：

① 离子发生器和加速系统研究试验台

真空舱体积：$20m^3$ 极限真空度：$4×10^{-3} Pa$

系统输出：$2.7×10^5 L/s$ 功率：500kW

② 太空材料零部件带电研究试验台

真空舱体积：$4m^3$　　　　　极限真空度：$4 \times 10^{-4}Pa$

系统输出：$4.5 \times 10^3 L/s$　　　功率：30kW

③ 等离子发生器和电喷流发展试验台

真空舱体积：$5.4m^3$　　　　极限真空度：$6.7 \times 10^{-4}Pa$

系统输出：$2.5 \times 10^4 L/s$　　功率：200kW

加速器发展试验

真空舱体积：$10m^3$　　　　　极限真空度：$5.3 \times 10^{-4}Pa$

系统输出：$5 \times 10^3 L/s$　　　功率：250kW

④ 太空环境和等离子系统模拟器（U－16）

真空舱体积：$340m^3$　　　　极限真空度：$1.3 \times 10^{-3}Pa$

系统输出：$3 \times 10^4 L/s$　　　功率：900kW

（2）主要用途：该设备属于系统设计中心，用于整体模拟太空环境下电物理因素的冲击。

5）火箭和太空物体静态试验台

（1）技术参数：

试验物体最大尺寸：高 20m，直径 16m

总轴力：$2 \times 10^8 N$　　　　　弯矩：$6 \times 10^7 N \cdot m$

（2）主要用途：该设备用于承载零部件整体结构验证试验，评估结构在各种组合载荷下的承载能力、安全边界和寿命，测量位移、刚度和应力分布，验证结构加工所选择的技术和完成情况，验证施加的应力分析。该设备自 20 世纪 50 年代起，开展过 R－1、R－2、R－7 等大量运载火箭型号试验。

6）火箭和太空物体集成静态试验台

（1）技术参数：

试验物体最大尺寸：高 30m，直径（或宽）8m，长 20m

总轴力：$6 \times 10^7 N$　　　　　弯矩：$1.6 \times 10^8 N \cdot m$

内部压力：$2.5 \times 10^8 Pa$　　工作温度范围：$-196 \sim 1200°C$

承受内压物体的最大能量容限：$3 \times 10^9 J$

（2）主要用途：验证承载零部件结构的整体性，验证在热力（静态机械载荷、压力和温度）载荷作用下实物结构性能，评估结构承载能力和真实结构的安全边界。开展过大量运载火箭的结构集成试验。

7）火箭和太空物体振动试验台

（1）技术参数：

试验物体最大尺寸：高 30m，直径 8m

频带内的输出力：200kN（1～160Hz），280kN（5～2000Hz）

试验物体质量：$1.0 \times 10^5 kg$

（2）主要用途：火箭和太空结构系统在周期性载荷作用下的振动验证试验，探测设计和工程上的缺陷，验证螺栓锁紧的可靠性，验证振动冲击对机载系统工作和泄漏的影响，确定全尺寸结构的动力学特性。进行过 400 余项大型航天器部件的振动试验。

8）火箭和太空物体模态探测试验台

（1）技术参数：

① 全尺寸零件和缩尺模型试验台

悬挂物体的最大高度：16m   物体质量：$2.0 \times 10^4 kg$

频率范围：1～500Hz   输出力范围：2～1000N

工作温度范围：－196～1200℃   测量的加速度范围：2～200m/s^2

② 罐液压试验台

频率范围：0.5～40Hz   位移幅度：100mm

输出力：25kN

（2）主要用途：全尺寸零部件或模型动态特性验证，试验件具有结构弹性、罐和管线中含有液体推进剂，试验评估罐中推进剂涌动阻尼效率。进行过大量运载火箭和可重复使用太空运输系统的试验研究。

9）火箭和太空物体冲击试验台

（1）技术参数：

试验物体最大尺寸：高 10m，直径 6m

比压脉冲：50～2000Pa   比脉冲持续：1～10μs

再生过载幅值：$1 \sim 30000g$　　　　冲击过载持续：$0.2 \sim 10ms$

（2）主要用途：验证结构零部件在强烈冲击载荷作用下的整合度和抗冲击能力，研究结构零部件间的瞬态冲击，验证冲击载荷对机载系统工作的影响，研究太空防护抗碎片冲击方法，进行星际探测着陆器结构整合度和功能性试验。

10）激光技术发展试验台

（1）技术参数：

功率：$10^{13}W$　　　　　　　强度：$3 \times 10^{18}W/cm^2$

波长：$1.06\mu m$　　　　　　脉冲能量：$10 \sim 15J$

脉冲持续时间：$10^{-12}s$　　　对比度：10^8

（2）主要用途：基于核合成发展能源工程技术，发展高强度的电子、中子和带电离子源用于分析不同物质及其状态，基于激光等离子形成的强大离子流发展新一代电射流。

附录2 中央航空发动机研究院发动机试验台

1. 概述

中央航空发动机研究院（Central Institute of Aviation Motors，CIAM）成立于1930年12月，由原苏联中央航空流体动力研究院的螺桨发动机部和原苏联中央汽车－内燃机科学研究院的航空部合并而成，曾因以纪念巴拉诺夫而称为巴拉诺夫中央航空发动机研究所。1994年，俄罗斯联邦政府颁布法令授以CIAM国家科学技术中心的地位，并于1997年、2000年和2002年继续得到确认。

CIAM是俄罗斯重要的航空研究机构之一，是俄罗斯最大的航空发动机研究机构，也是欧洲最大的航空发动机试验中心。CIAM作为俄罗斯航空发动机研究的牵头单位，俄罗斯大多航空发动机都由这里研制和试验，基础研究也在这里进行，能在接近真实飞行条件下对航空发动机及其部件、系统和构件进行试验研究。目前已发展成为门类齐全的研究试验基地，其地位相当于美国的AEDC和格林研究中心。

CIAM本身由两大部分组成：院本部和试验中心。院本部是其科研中心，下设大、小发动机、特种发动机通用型研究室和专业研究室。进行航空发动机空气动力学研究的技术力量主要集中在其试验中心，该中心是俄罗斯唯一及欧洲最大的能进行全尺寸吸气式发动机高空、速度及特种试验的中心，CIAM的大型试验设备都集中在这里。

CIAM共有职工9000余人，70名工学博士，300多名工学副博士，有通讯院院士、教授和各类科学工作者，研究院与大学和设计局有密切联系。

作为俄罗斯航空发动机研究方面的牵头单位，CIAM在国际上也有相当大的知名度，与美国、英国、法国、德国、中国、印度、加拿大等国家的著名航空发动机公司及研究机构均有科学与技术上的合作关系。

CIAM几乎涉及所有与航空发动机相关的研究领域，从基础物理过程到新型航空发动机的设计、研制、改造与鉴定，对发动机使用过程中的可靠性和故障提供技术支撑。主要科研活动包括：气动、传热、燃料、结构强度分析和发动机控制理论方面的基础研究；喷气发动机理论和先进发动机性能优化研究；发动机部件与组件和燃气发生器系统的应用研究；对发动机制造设计局正在进行的研究项目给予科学理论保障；为实验发动机及其系统和零部件进行试验；探索改进航空发动机，并解决环保问题；负责确定航空发动机预研型号及其研制项目，制定相应的技术条件等。试验中心主要进行以下工作：动力设施配套建设，确保提供模拟飞行条件；试验设备建设，使其能进行推力高达 245kN 的航空发动机特种试验；航空发动机及其部件的强度研究。此外，CIAM 还具备高性能数值模拟能力，可对发动机内部流动的物理过程（定常和非定常气体动力学、燃烧、传热等）、发动机部件及整机结构的耐久性进行模拟。

2. 发动机试验台

CIAM 有多种/多台发动机试车台和试验设备。进行航空发动机空气动力学研究的主要设施包括喷气发动机高空试车台、发动机试车台、自由射流试验台、冲压发动机燃烧室试验装置等。

以下给出 CIAM 进行航空发动机研究的部分试验设备。这些设备只是其中的代表，总体来看，俄罗斯研究航空发动机的设备与欧洲法国、英国的设备相当，但仍没有达到美国的水准。

1）大型发动机高空模拟试车台

有 4 个试验舱，其中 1 个直径为 6m，示意图如附图 2 - 1 所示。共有 3 个大厅，循环水将空气冷却到 50℃。

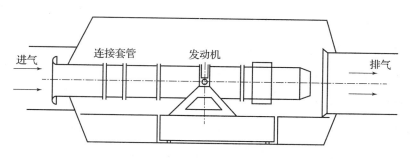

附图 2 - 1 大型发动机高空模拟试车台示意图

模拟条件如下：

试验气体：压缩空气　　　工作压力：9 ~ 12atm

功率：50MW　　　进口温度：-60 ~ 300℃

模拟飞行高度：0 ~ 22km

模拟飞行马赫数：3.0（$h = 12km$）

1.2（$h = 0km$）

最大供气量：650kg/s　　　　最大抽气量：$100 \sim 110 km^3 / s$

主要用途：模拟大型发动机高空环境试验。

2）自由射流试验台

共有四台，试验时前面为压缩空气，后面抽气，满足自由喷流试验，可模拟整个飞行轨迹的发动机工况。示意图如附图 2 - 2 所示。

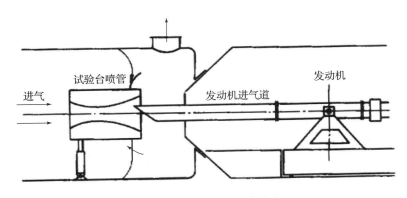

附图 2 - 2　自由射流试验台

模拟条件如下：

试验气体：压缩空气　　　　最大流量：1000kg/s

试验件直径：2.5 ~ 3.5m　　　工作段长度：20m

模拟飞行高度：0 ~ 30km　　　测量点数：800 个

主要用途：大型发动机性能模拟试验。

3）小型发动机高空模拟试车台

可进行温度场、固壁温度、热流量、温度脉动等的试验，采用水冷方式。

模拟条件如下：

进口温度：$-7 \sim 120°C$　　　高空舱直径：3m

模拟飞行马赫数：0 ~ 1.5　　　工作段长度：20m

模拟飞行高度：0 ~ 30km

最大空气质量流量：30kg/s（地面条件）和 15kg/s（高空条件）

主要用途：推力小于 32kN 的涡喷、涡扇发动机；功率小于 9MW 的涡轴、涡桨发动机。

4）露天试验台

露天试验台模拟条件如下：

气源射流速度：300km/h   侧风源出口面积：25m²

结冰杆数：12 个   结冰杆喷嘴数：12 个/杆

主要用途：模拟飞机起飞、着陆条件下，发动机进气道、压气机进口导流叶片的结冰过程和除冰系统的除冰效果，并研究侧风条件下发动机工作稳定性。示意图如附图 2－3 所示。

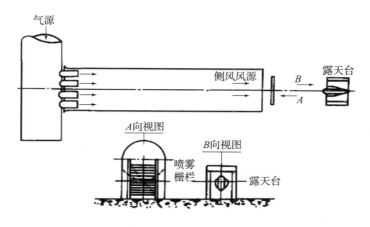

附图 2－3   露天试验台

5）吞吸废气试验设备

在露天发动机试车台前加氢燃烧室装置可进行吞吸废气试验。试验装置示意图如附图 2－4 所示。

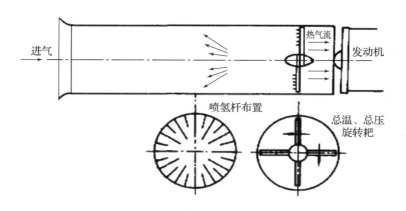

附图 2－4   吞吸废气试验氢燃烧室

模拟条件如下：

装置桶内喷氢管：12 个长管、2 个短管

点火嘴：4 个

总温测量间隔可达：0.01s

测量耙距发动机进口：$(0.5 \sim 1)d$（d 为发动机进口直径）

主要用途：模拟吞吸废气环境下发动机工作状况。

6) 冲压发动机燃烧室试验装置

共有两台试验装置，括号中数字为第二台的参数。这两台装置可做各种燃烧室的试验，第一台主要做冲压发动机的燃烧室试验，示意图如附图 2-5 所示。

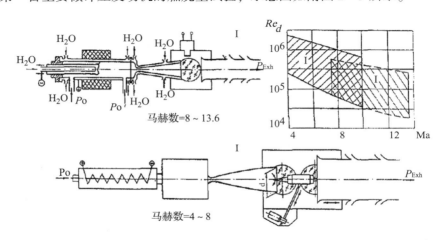

附图 2-5　冲压发动机燃烧室试验装置图

模拟条件如下：

流量：200(50)kg/s　　　　模拟马赫数范围：4~13.6

流量：200kg/s　　　　　　入口处干净空气的温度：60(1000)K

出口气体温度：2000K　　　压力：9(20)atm

主要用途：冲压发动机燃烧性能试验。

7) 大型双涵道双转子压气机试验台

模拟条件如下：

进口压力：5~300kPa　　　进口温度：50~260°C

进口最大流量：300kg/s　　被试件最大转速：17000r/min

主要用途：大功率燃气涡轮机试验。

8）全尺寸涡轮试验台

模拟条件如下：

试验传动功率：9MW　　　进口最高温度：1530°C

最大燃气压力：16atm　　　转速：16000r/min

主要用途：带冷却片的涡轮性能试验。

3. 配套设施

1）试验装备建设情况

试验中心能进行推力高达 25 000kg 的航空发动机的特种试验。该中心拥有各类试验台、试验车和特种装备 50 余座。其中，全尺寸发动机设备用来研究颤振、低循环疲劳和其他一些物理现象。部件设备用来研究发动机部件主要性能的集成试验，包括压气机、燃烧室、涡轮、喷管、进气系统等。另外，还有高空试验台和热压力试验舱，用来研究某种形状和尺寸的整体发动机试验（如具有大涵道比的发动机、巡航发动机等）。而且，动力装置在自由流中的性能试验还可以通过各种风洞来完成。

2）动力配套设施

动力配套设施确保提供模拟飞行的条件。动力设备由能源系统、压气机高空站、干燥制冷站、空气加热器、供气装置、供水循环系统、燃料供应系统等组成。动力供应的总要求是电力约为 600MW，供给试验台的最大空气流量为 1500kg/s，空气温度变化范围为 −90 ~1900°C，空气压力的变化范围为 2 ~2000kPa，模拟高度高达 30km。这套动力设备足够进行现代先进的航空发动机试验。

3）强度研究设备

用于进行航空发动机及其部件的强度研究。该中心在国家强度标准、发动机适航标准和其他标准的要求下开展了大量的强度研究工作，以确保发动机运行安全、可靠。最近，该中心建立了一座能进行陶瓷及其他非金属防火材料高温试验的设备，模拟的温度可高达 1400 ~2200°C。

4）数据采集系统开发

它包括一个扩大了的计量站、一套自动化的采集平台系统以及专门的试验数据处理装置。它使用的所有仪器、设备和平台都得到了俄罗斯国家标准的认证。除此之外，CIAM 还具备高性能数值模拟能力，能对发动机内部流动的物理过程（定常与非定常的气体动力学现象、燃烧、传热等）以及发动机部件及整机结构的耐久性进行模拟。可通过将几百台计算机联网实现上述数值模拟。

附录3 俄罗斯其他科研院所风洞设备

1. 罗蒙诺索夫莫斯科国立大学

罗蒙诺索夫莫斯科国立大学（简称：莫斯科大学），由俄国数学家、物理学家、语言学家、哲学家罗蒙诺索夫创立于1755年，俄国第一座风洞就是茹科夫斯基于1902年在莫斯科国立大学建造的。学校设有20多个院系、11个科学研究所，是一所文理并举的综合性大学，力学和数学系的力学研究所拥有从低速到高速较为配套的研究型风洞试验设备体系，力学研究所的主要研究领域包括气体和流体动力学、固体力学、应用力学、生物力学等。主要风洞试验设备见附表3-1。

附表3-1 莫斯科大学风洞设备

名 称	试验段尺寸 （宽×高×长；单位：m）	试验马赫数 或速度	其他性能参数	备注
A-1y	直径0.25，开口	3.4~6.8m/s	风扇电机功率21kW，湍流度0.44%	回流式
A-2y	0.125×0.125	3.4~27.2m/s	风扇电机功率2.6kW	直流式
A-3y	0.4×0.3×0.5	3.4~27.2m/s	风扇电机功率21kW，湍流度0.8%	直流式
A-4y	0.125×0.125×1.22	3.4~25m/s	风扇电机功率6kW，湍流度0.8%	直流式
A-6	4×2.3×4，椭圆开口	60m/s	风扇电机功率2MW，气流不均匀度±0.5%，垂直和水平方向气流偏角±0.25°，轴向压力梯度0.002/m	回流式
A-10A	对边距离0.8，长1.36 （正八边形）	55m/s（开口） 70m/s（闭口）	风扇电机功率21kW，湍流度0.4~5%	直流式
水洞	1）1.0×0.11 2）圆形截面	18~20m/s	傅汝德数0.15	空泡、轴对称流和平面流研究
A-3	0.2×0.2	0.8 ~ 1.3， 2.5、3、3.5、4	高压气罐200atm，引射气罐8atm，模拟高度0~28km，雷诺数$(1.2~300)×10^6/m$	暂冲式，三声速
A-7	0.6×0.6×2.85	0.8~1.5 2.5、3、4	气罐150atm，模拟高度0~15km，雷诺数$(0.1~10)×10^6/m$	半回流暂冲式，三声速

（续）

名 称	试验段尺寸 （宽×高×长；单位：m）	试验马赫数 或速度	其他性能参数	备注
A-8	0.6×0.6×1.9	0~0.8 1.5~3	模拟高度 0~15km，雷诺数（2.8~65）×10^6/m	暂冲式，三声速
A-11	0.25×0.25	1.2，1.3，1.75，2，2.5	雷诺数（22~130）×10^6/m	暂冲式
A-3K	0.08×0.08	2.2~3	雷诺数（13~200）×10^6/m	暂冲式
Ap-1	0.09×0.07	1.7~3.5	气罐8atm，电阻式加热器70kW，雷诺数（1~10）×10^6/m	暂冲式
ΓAy	直径0.3，0.2	5，6，8，10	气罐200atm，真空球体积70m^3，电阻式加热器2.2MW，模拟高度15~55km，雷诺数（0.02~12）×10^6/m	暂冲式
激波风洞	直径0.5	1.5~6	氢氧燃烧驱动，压力1000atm	高温化学反应动力学研究
小激波管	直径0.05		破膜压力1000atm，膜片厚度2mm，气流总温可达2万℃	高超声速物理化学过程研究
方形激波管	0.12×0.12		工作介质为液氢	非平衡流、燃烧、暴轰
低压激波管	0.05×0.05			激波穿过泡沫塑料研究

2. 俄罗斯科学院西伯利亚分院理论与应用研究所

俄罗斯科学院西伯利亚分院成立于1957年，是俄罗斯西伯利亚地区和远东地区的科研中心。俄罗斯科学院西伯利亚分院理论与应用研究所是由著名的化学家С·А·赫利斯基阿诺维奇在1957年创办的。全称"С·А·赫利斯基阿诺维奇理论与应用研究所"。该所主要从事现代力学问题研究，如高速空气动力学、燃烧动力学与湍流、材料和结构强度、矿业土壤与岩石力学等。主要研究工作以超声速和高超声速流体力学、流体动力学稳定性、边界层、燃烧、物理化学变化多相介质力学、等离子体动力学和材料强度等为主。

理论与应用研究所大约有17个研究室，即：气流光学诊断方法研究室、超声速燃烧实验室、激光工艺研究室、快速流程物理研究室、高超声速工艺研究室、多相介质物理研究室、计算空气动力学研究室、亚声速大气物理研究室、力学与激光物理学过程模拟研究室、试验航空气体动力学实验室、高超声速研究室、超声速黏性流动研究室、电弧物理学研究室、等离子体动力学及动力转换研究室、新材料与新工艺热力学研究室、超分散介质波动过程研究室、计算层析研究室等。1991 年，该所组建了国际大气物理研究中心，1997 年加入了国际超声速空气动力学风洞协会，同美国、德国、法国、中国、荷兰、瑞典、日本等建立了广泛的国际合作关系。主要风洞设备见附表3 – 2。

附表 3 – 2 理论与应用研究所风洞设备

名　称	试验段尺寸 (宽×高×长；单位：m)	试验马赫数 或速度	其他性能参数	备注
低湍流度 低速风洞	直径 0.6	100m/s		
KC – 326	0.1×0.1×0.5	102m/s	液氮冷却，$T = 80 \sim 300K$	暂冲式低温风洞
MT – 324K	0.2×0.2×0.8	68m/s	液氮冷却，$T = 80 \sim 300K$	回流式低温风洞
T – 334	0.625×0.625×2	0.2 ~ 1.2	试验气体氮气，风扇电机功率6MW，$T = 80 \sim 320K$，雷诺数 $3.5 \times 10^8/m$	回流式
小电弧风洞		1.7 ~ 3.5	总功率2MW，总温2700 ~ 4000K	
T – 325	0.2×0.2×0.6	0.5 ~ 4.0	湍流度0.4%，雷诺数 $1.0 \times 10^8/m$	低湍流度，三声速
超声速风洞	直径 0.25	2 ~ 4	带加热器	
AT – 303	直径 0.3，0.6	8 ~ 20	马赫数偏差 1% ~ 3%；喷管出口热流不均匀度3% ~ 7.5%	建于1999 年
IT – 302M	直径 0.1 - 0.4	5 ~ 15	总压 100MPa，总温 4000K，吹风时间 0.08 ~ 0.2s	热射式
T – 313	0.7×0.7×2.0	1.2 ~ 7	电加热 500 ~ 600K，雷诺数 $6.0 \times 10^7/m$	暂冲式，三声速
T – 326	直径 0.2	6 ~ 14	加热温度 773 ~ 2273K	热传导研究
T – 327A	直径 0.22	16 ~ 24	试验介质为氮气，加热温度 1200 ~ 2500K	暂冲式

3. 西伯利亚恰普雷金国家航空研究院

西伯利亚恰普雷金国家航空研究院是俄罗斯远东地区最大的航空航天科学技术研究机构，成立于1941年8月，是TsAGI的远东分部，1946年7月，正式取得独立的研究院地位。研究院具有低速风洞、跨声速风洞、结构强度、疲劳、材料、动态载荷、声学、气动弹性力学、高温强度和非金属复合材料强度等十余个实验室，主要研究工作侧重于飞机结构强度和疲劳极限方面的试验研究和评估。在空气动力学试验研究方面，主要利用T-203和T-205M风洞进行运输机、特技飞机、教练机、行政勤务机、农用飞机、超轻型飞机等的亚跨声速气动特性研究。其主要风洞设备见附表3-3。

附表3-3　西伯利亚恰普雷金国家航空研究院风洞设备

名　称	试验段尺寸 （宽×高×长；单位：m）	试验马赫数 或速度	其他性能参数	备注
T-203	$4 \times 2.33 \times 4$ （椭圆、开口）	$20 \sim 70$m/s	气流偏角 $\Delta \alpha = 0.2°$，$\Delta \beta = 0.5°$湍流度0.3%	回流式
T-205M	$0.6 \times 0.6 \times 2.4$	$0.4 \sim 1.15$， 1.36，1.5， 1.75	气流偏角 $\Delta \alpha = 0.15°$，马赫数偏差0.5%（$0.4 \leqslant Ma \leqslant 1$），$\pm 1\% \sim 3\%$（$Ma > 1$）	连续式

4. 彩虹机械制造与设计局

彩虹机械制造与设计局成立于1951年，主要从事空地导弹、岸舰导弹和舰舰导弹等战术导弹的研制，设有气动、强度、振动等实验室，可以进行战术导弹的气动、强度、热结构及天线和环境等试验研究。2002年，俄罗斯成立战术导弹武器公司，由6家航空与导弹机构组成，主要从事战术导弹研制、设计和生产。2003年，彩虹机械制造与设计局合并于战术导弹武器公司。其主要风洞设备见附表3-4。

附表3-4　彩虹机械制造与设计局风洞设备

名　称	试验段尺寸 （宽×高×长；单位：m）	试验马赫数 或速度	其他性能参数	备注
Ay-1	$4 \times 2.33 \times 4$（椭圆）	$1.75 \sim 4.5$	雷诺数 $(2 \sim 30) \times 10^6$/m	
Ay-1T	0.6×0.6	$0.6 \sim 1.5$	雷诺数 2.0×10^7/m	
Ay-2	直径1.05（开口）	$10 \sim 80$m/s		回流式

5. 俄罗斯科学院约菲物理技术研究所

俄罗斯科学院约菲物理技术研究所为研究超高速气体物理现象，建造了苏联第一座弹道靶设备，以后又陆续建造了几座。其主要风洞设备见附表 3 - 5。

附表 3 - 5　约菲物理技术研究所风洞设备

名　称	试验段尺寸 (宽×高×长；单位：m)	试验马赫数 或速度	其他性能参数	备注
气动力和流场研究靶	直径　0.016，0.025，0.032			火炮发射
雷诺数研究靶	直径 0.082，0.057	1.8km/s		
超高速物理现象研究靶	直径 0.0056，0.0127	8km/s	靶室长 16m，内径 0.3m，测试段 11m	二级氢气炮

6. 俄罗斯科学院力学研究所

俄罗斯科学院力学研究所拥有物理气体力学、等离子体、飞行器热载荷等 25 个实验室。等离子体实验室拥有一座感应热等离子体风洞，可以进行防热材料研究和边界层内气体化学组分、非平衡化学反应等研究。其主要风洞设备见附表 3 - 6。

附表 3 - 6　俄罗斯科学院力学研究所风洞设备

名　称	试验段尺寸 (宽×高×长；单位：m)	试验马赫数 或速度	其他性能参数	备注
感应热等离子体风洞	直径　0.080，0.150，0.200	亚声速和超声速	功率 100～1000kW，总焓 10－40MJ/kg，试验介质为空气、氮气、氧气、氩气，自由射流温度 4500～9500K	

7. 莫斯科航空学院

莫斯科航空学院是俄罗斯航空教育高等学府，其主要风洞设备见附表 3 - 7。

附表 3 − 7   莫斯科航空学院风洞设备

名　称	试验段尺寸 （宽×高×长；单位：m）	试验马赫数 或速度	其他性能参数	备注
T − 1	直径2.5	50m/s	—	
T − 2	0.6×0.6	0.2~3	—	连续式

8. 俄罗斯物理力学研究所

俄罗斯物理力学研究所的风洞设备见附表 3 − 2。

附表 3 − 8   俄罗斯物理力学研究所风洞设备

名　称	试验段尺寸 （宽×高×长；单位：m）	试验马赫数 或速度	其他性能参数	备注
PMI − K	直径0.22	0.5~10m/s	总温130~300K	低温

附录4 俄罗斯风洞试验设备汇总表

本书中介绍的俄罗斯风洞和其他试验设备分类汇总于附表4-1、附表4-2、附表4-3、附表4-4、附表4-5，以便查阅。

附表4-1 亚声速风洞

序号	名称	喷管出口尺寸（宽×高×长/直径；单位：m）	试验速度（单位：m/s）	所属单位	网址
1	T-1	直径3	5~55	TsGAI	www.tsagi.com
2	T-2	直径6	5~27	TsGAI	www.tsagi.com
3	T-5	直径2.25	5~55	TsGAI	www.tsagi.com
4	T-101	24×12×24	5~52	TsGAI	www.tsagi.com
5	T-102	4×2.33×4	10~55	TsGAI	www.tsagi.com
6	T-103	4×2.33×3.8	10~80	TsGAI	www.tsagi.com
7	T-104	直径7	10~120	TsGAI	www.tsagi.com
8	T-105	直径4.5（立式）	5~40	TsGAI	www.tsagi.com
9	T-124	1×1×4	2~100	TsGAI	www.tsagi.com
10	T-129	直径1.2	8~80	TsGAI	www.tsagi.com
11	EU-1（结冰）	0.2×0.2	0~100	TsGAI	www.tsagi.com
12	高空低速风洞	模型直径6	5~50	TsGAI	
13	A-1y	直径0.25	3.4~6.8	莫斯科大学	
14	A-2y	0.125×0.125	3.4~27.2	莫斯科大学	
15	A-3y	0.4×0.3×0.5	3.4~27.2	莫斯科大学	
16	A-4y	0.125×0.125×1.22	3.4~25	莫斯科大学	
17	A-6	4×2.3×4	60	莫斯科大学	
18	A-10A	对边距离0.8，长1.36	55，70	莫斯科大学	
19	水洞	1.0×0.11	18~20	莫斯科大学	
20	低湍流度低速风洞	直径0.6	100	俄罗斯科学院西伯利亚分院理论与应用研究所	

(续)

序号	名称	喷管出口尺寸 （宽×高×长/直径；单位：m）	试验速度 （单位：m/s）	所属单位	网址
21	KC – 326	0.1 × 0.1 × 0.5	102	同上	
22	MT – 324K	0.2 × 0.2 × 0.8	68	同上	
23	T – 203	4 × 2.33 × 4	20 ~ 70	恰普雷金国家航空研究院	
24	Ay – 2	直径 1.05	10 ~ 80	彩虹机械制造与设计局	
25	T – 1	直径 2.5	50	莫斯科航空学院	
26	PMI – K	直径 0.22	0.5 – 10	俄罗斯物理力学研究所	

附表 4 – 2   跨声速和超声速风洞

序号	名称	喷管出口尺寸 （宽×高×长/直径；单位：m）	试验马赫数	所属单位	网址
1	TPD – 1000	直径 1.06，0.8	0.3 ~ 4.0	TsGAI	www. tsagi. com
2	T – 106	直径 2.48	0.15 ~ 1.1	TsGAI	www. tsagi. com
3	T – 107	直径 2.7	0.1 ~ 0.86	TsGAI	www. tsagi. com
4	T – 109	2.25 × 2.25 × 5.5	0.4 ~ 4.0	TsGAI	www. tsagi. com
5	T – 128	2.75 × 2.75 × 12	0.15 ~ 1.7	TsGAI	www. tsagi. com
6	T – 131V	0.1 × 0.1 0.04 × 0.1 0.03 × 0.1 直径 0.074，0.148，0.1	4.0	TsGAI	www. tsagi. com
7	GGUM	直径 0.007 ~ 0.04	1 ~ 4	TsGAI	www. tsagi. com
8	T – 04	0.2 × 0.2 × 0.7	0.1 ~ 1.15	TsGAI	
9	T – 33	直径 0.3	3	TsGAI	
10	T – 112	0.6 × 0.6	0.6 ~ 1.75	TsGAI	
11	T – 114	0.6 × 0.6 × 1.9	0.3 ~ 4.0	TsGAI	
12	T – 125	0.2 × 0.2	0.3 ~ 4.0	TsGAI	
13	T – 134	0.625 × 0.625 × 2	0.2 ~ 1.2	TsGAI	
14	U – 3M	0.6 × 0.6 × 2.8	0.2 ~ 4.5	TSNIMASH	

（续）

序号	名称	喷管出口尺寸 （宽×高×长/直径；单位：m）	试验马赫数	所属单位	网址
15	U−21	1.4×1.4×5.6	0.2~1.8	TSNIMASH	
16	U−13 VChp	气流直径0.05~0.19	0.3~2.5	TSNIMASH	
17	A−3	0.2×0.2	0.8~1.3、2.5、 3、3.5、4	莫斯科大学	
18	A−7	0.6×0.6×2.85	0.8~1.5、2.5、 3、4	莫斯科大学	
19	A−8	0.6×0.6×1.9	0−0.8 1.5−3	莫斯科大学	
20	A−11	0.25×0.25	1.2、1.3、1.75、 2、2.5	莫斯科大学	
21	A−3K	0.08×0.08	2.2~3	莫斯科大学	
22	Ap−1	0.09×0.07	1.7~3.5	莫斯科大学	
23	T−334	0.625×0.625×2	0.2~1.2	俄罗斯科学院 西伯利亚分院 理论与应用研究所	
24	小电弧风洞		1.7~3.5	同上	
25	T−325	0.2×0.2×0.6	0.5~4.0	同上	
26	超声速风洞	直径0.25	2~4	同上	
27	T−205M	0.6×0.6×2.4	0.4~1.15、1.36、 1.5、1.75	恰普雷金国家航 空研究院	
28	Ay−1	4×2.33×4	1.75~4.5	彩虹机械制造与 设计局	
29	Ay−1T	0.6×0.6	0.6~1.5	彩虹机械制造与 设计局	
30	感应热等离 子体风洞	直径0.080、0.150、0.200	亚声速和超声速	俄罗斯科学院 力学研究所	
31	T−2	0.6×0.6	0.2~3	莫斯科航空学院	

附表4-3　高超声速风洞

序号	名称	喷管出口尺寸 （宽×高×长/直径；单位：m）	试验马赫数	所属单位	网址
1	T-116	1×1×2.35	1.8~10	TsGAI	www.tsagi.com
2	T-117	直径1	7.5~18.6	TsGAI	www.tsagi.com
3	T-121	0.2×0.2， 直径0.2，0.35	4~9	TsGAI	www.tsagi.com
4	T-122M	直径0.13	4.8~14.8	TsGAI	www.tsagi.com
5	T-131B	直径0.4	5~10	TsGAI	www.tsagi.com
6	UT-1M	直径0.3，0.4，0.5	5~16	TsGAI	www.tsagi.com
7	VAT-103	模型直径0.07	1~7km/s	TsGAI	www.tsagi.com
8	VAT-104	0.3×0.12，直径0.5	3.5~4.5km/s	TsGAI	www.tsagi.com
9	SVS-2	0.52×0.5， 直径0.56	0.3~5 5，5.5，6	TsGAI	www.tsagi.com
10	T-34	直径0.3	1~9	TsGAI	
11	T-113	0.6×0.6	1.75~6	TsGAI	
12	T-120	直径0.15	4~10	TsGAI	
13	T-123	直径0.3	5~20	TsGAI	
14	BCT	直径0.04	4~6	TsGAI	
15	HT-1	直径0.24~0.34	12.2~18.3	TsGAI	
16	HT-2	直径0.44~0.90	10~22	TsGAI	
17	УГСП	直径0.15~0.30	5~18	TsGAI	
18	VAT-3	直径0.15~0.30	12~20	TsGAI	
19	VAT-102	直径0.18~0.38	0.2~8	TsGAI	
20	U-4M	0.6×0.6×2.8	1.8~6.0	TSNIMASH	
21	U-306-3	直径1.2	2~10	TSNIMASH	
22	VBF	直径0.0127，0.0137	4~7km/s	TSNIMASH	
23	PUG-7， PUG-11	直径0.4，0.8	6~20	TSNIMASH	
24	U-15T-1、 U-15T-2、 TT-1、 TT-2	直径0.04~1	最大到8	TSNIMASH	
25	U-22	直径8，高20	10~20	TSNIMASH	

（续）

序号	名称	喷管出口尺寸（宽×高×长/直径；单位：m）	试验马赫数	所属单位	网址
26	ΓAy	直径 0.3、0.2	5，6，8，10	莫斯科大学	
27	激波风洞	直径 0.5	1.5~6	莫斯科大学	
28	小激波管	直径 0.05		莫斯科大学	
29	方形激波管	0.12×0.12		莫斯科大学	
30	低压激波管	0.05×0.05		莫斯科大学	
31	AT-303	直径 0.3、0.6	8~20	俄罗斯科学院西伯利亚分院理论与应用研究所	
32	IT-302M	直径 0.1-0.4	5~15	同上	
33	T-313	0.7×0.7×2.0	1.2~7	同上	
34	T-326	直径 0.2	6~14	同上	
35	T-327A	直径 0.22	16~24	同上	
36	气动力和流场研究靶	直径 0.016、0.025、0.032		俄罗斯科学院约菲物理技术研究所	
37	雷诺数研究靶	直径 0.082、0.057	1.8km/s	同上	
38	超高速物理现象研究靶	直径 0.0056、0.0127	8km/s	同上	

附表 4-4　航空发动机试验设备

序号	名称	试验装置尺寸（单位：m）	试验参数	单位	网址
1	大型发动机高空模拟试车台	直径 6	模拟飞行高度：0~22km 模拟飞行马赫数：3.0，1.2	CIAM	www.ciam.ru
2	自由射流试验台	试验件直径：2.5~3.5 工作段长度：20	模拟飞行高度：0~30km 最大供气量：700~1000kg/s	CIAM	同上
3	小型发动机高空模拟试车台	直径：3m 长度：20m	模拟飞行马赫数：0~1.5	CIAM	同上

（续）

序号	名称	试验装置尺寸 （单位：m）	试验参数	单位	网址
4	露天试验台	出口面积：25m²	速度：300km/h 结冰杆数：12 个 每杆喷嘴数：12 个	CIAM	同上
5	吞吸废气试验设备		喷氢管：12 个长管、2 个短管 点火嘴：4 个	CIAM	同上
6	冲压发动机燃烧室试验装置		马赫数范围：4 ~ 13.6 流量：200kg/s	CIAM	同上
7	大型双涵道双转子压气机试验台		流量：300kg/s 转速：7000r/min	CIAM	同上
8	全尺寸涡轮试验		转速：16000r/min 功率：9MW	CIAM	同上

附表 4 - 5　其他试验设备

序号	名称	试验尺寸 （单位：m）	试验参数	所属单位	网址
1	AC - 2 （声学）	直径0.8，0.1，0.08	0.25 ~ 4.0	TsGAI	www.tsagi.com
2	AC - 11	2.2m×9.7m×6.3m； RC1: 6.4m×6.4m×5.15m； RC2: 6.6m×6.4m×5.15m	工作频率：80 ~ 16000Hz 动态范围：45 ~ 83dB （RC1 - RC2）	TsGAI	www.tsagi.com
3	K - 1 （通用试验台）	模型直径0.3 ~ 1.0	功率7	TsGAI	www.tsagi.com
4	K - 2 （通用试验台）	模型直径0.3 ~ 1.0	功率2.5	TsGAI	www.tsagi.com
5	K - 3 （通用试验台）	模型直径0.05 ~ 0.3	功率0.5	TsGAI	www.tsagi.com
6	MCY - 114 螺旋桨试验装置	直径1.8	转速2400r/m	TsGAI	

（续）

序号	名称	试验尺寸 （单位：m）	试验参数	所属单位	网址
7	PS-10M 集成飞行模拟器综合设备	1 对 1 或 2 对 2 空战模拟	直径 8m 的圆顶屏幕，水平 240°垂直 140°的侦察角	TsGAI	www.tsagi.com
8	PSPK-102 飞行模拟器	双座驾驶舱	3 通道、4 窗观测系统，6 自由度	TsGAI	www.tsagi.com
9	VPS-4 直升机飞行模拟器	飞行模拟器驾驶舱	3 通道虚拟景观模拟系统	TsGAI	www.tsagi.com
10	NIM-25 飞行控制作动器试验台	杆位移 ±0.2mm	推力 250kN，杆速度 350mm/s	TsGAI	www.tsagi.com
11	AC-11 声学室	14.0×11.5×8.0 6.4×6.4×5.15 6.6×6.4×5.15	45~83dB，80~16000Hz	TsGAI	www.tsagi.com
12	RK-1500	14.6×9.2×11.2	164dB，45~10000Hz	TsGAI	www.tsagi.com
13	拖曳水槽	84×12×6	16	TsGAI	www.tsagi.com
14	浮动弹射器	模型 4.0×2.8×1.0	10~30	TsGAI	www.tsagi.com
15	全尺寸结构静强度试验实验室	$1900m^2$	$1.0×10^7N$	TsGAI	www.tsagi.com
16	全尺寸结构与结构部件疲劳强度实验室	75.0×90.0×25.4	$3.75×10^8N$	TsGAI	www.tsagi.com
17	GVT 与刚度试验实验室	全尺寸飞机构件	256 通道，0.1~1000Hz，50~2000N	TsGAI	www.tsagi.com
18	材料、零件、部件疲劳强度实验室	$1500m^2$	$1.0×10^7N$	TsGAI	www.tsagi.com
19	合成材料样件、零件和部件试验实验室	$600m^2$	$4.0×10^6N$	TsGAI	www.tsagi.com
20	部件和连接件静强度与鲁棒性研究实验室	$700m^2$	$5.0×10^6N$	TsGAI	www.tsagi.com

（续）

序号	名称	试验尺寸（单位：m）	试验参数	所属单位	网址
21	PVK、UTT、U－2GD 热和声载荷、气体动力学试验设备	$2 \times 2 \times 2$	$10000 \sim 15000N$，$340 \sim 2800N$	TSNIMASH	
22	UV－102、UV－104、UV－106、UV－107（带高压舱）高温脉冲气体动力学试验设备	模型缩尺：$1:100 \sim 1:10$	压力：$(1 \sim 25) \times 10^6$ 温度：$2000 \sim 3700K$ 流量：$0.5 \sim 2.0kg/s$	TSNIMASH	
23	TPTB 热物理试验台		脉冲能量：600J/40J 功率密度：$1000 \sim 10^6 W/cm^2 / 10^7 \sim 5 \times 10^9 W/cm^2$	TSNIMASH	
24	U－16 真空试验设备	20，4，5.4，10，$340m^3$	500，30，200，250，900kW	TSNIMASH	
25	火箭和太空物体静态试验台	试验件高20，直径16	总轴力：$2.0 \times 10^8 N$ 弯矩：$6.0 \times 10^7 Nm$	TSNIMASH	
26	火箭和太空物体集成静态试验台	试验件高30，直径（或宽）8，长20	总轴力：$6.0 \times 10^7 N$ 弯矩：$1.6 \times 10^8 Nm$	TSNIMASH	
27	火箭和太空物体振动试验台	试验件高30，直径8	200kN（$1 \sim 160Hz$），280kN（$5 \sim 2000Hz$）	TSNIMASH	
28	火箭和太空物体模态探测试验台	试验件高16	$2 \sim 1000N/25kN$	TSNIMASH	
29	火箭和太空物体冲击试验台	试验件高10，直径6	比压脉冲：$50 \sim 2000Pa$	TSNIMASH	
30	激光技术发展试验台		功率：$10^{13} W$	TSNIMASH	

附录5 世界主要国家航空航天机构风洞设备简表

20世纪30至80年代，第二次世界大战、太空竞争和冷战等促使航空航天飞行器迅猛发展，在这一阶段，以美国为首的发达国家建设了大量各种类型的风洞设备，基本完成了各自国家的国家风洞设备体系建设。在其后的三十多年里，除90年代欧洲建设了ETW风洞外，发达国家鲜有大型风洞建设，尽管美国等国曾有过新型大型风洞的研究论证和建设规划，但并没有付诸实施。据1985年NASA RP-1132报告统计，美国、欧洲、日本约有主要风洞设备200余座，其中美国约占120座，英国、法国、德国、荷兰、加拿大、日本约占80余座。20世纪90年代以来，世界政治、军事、经济形势发生了很大变化，发达国家的航空航天型号数量大幅度减少，导致维持风洞设备运行的经费预算不足，另外，计算机等科学技术的发展，使计算流体动力学（CFD）技术有了很大进步，这在一定程度上也减轻了对风洞试验的依赖程度。因此，多种因素作用的结果使得发达国家风洞设备实际在用率大幅度降低。以美国NASA为例，1985年，在用风洞42座，2000年以来，常用风洞数量徘徊在20座左右。

附录5给出世界主要航空航天机构的网址和国家主要风洞设备，原则上企业和院校的风洞设备除外，统计信息主要来自近年来的公开文献资料和各机构网站，涉及15个国家，27个试验研究机构，风洞200座。其中：美国55座；法国15座；德国、荷兰等DNW/ETW 12座；英国23座；比利时4座；加拿大5座；意大利3座；瑞典4座；罗马尼亚2座；塞尔维亚2座；日本9座；印度11座；韩国2座；中国52座。

1. 美国NASA、AEDC、AFRL

1949年，美国国会颁布了81-415公共法案，根据该法案联邦政府制定了国家航空试验设备发展规划。该规划决定：①将美国国家主要风洞试验设备建于NACA（National Advisory Committee for Aeronautics，NACA，即现在的NASA）的兰利、刘易斯（即现在的格林）和艾姆斯三个研究中心；②组建空军航空工程发展中心，即现在美国国防部所属的阿诺德工程发展综合体（Arnold Engineering Development Complex，AEDC）。因此，美国国家风洞设备主要分布在NASA和AEDC。

美国空军研究实验室（Air Force Research Laboratory，AFRL）成立于 1997 年，由空军的多个实验室整合而成，是目前美国空军唯一的研究实验室。AFRL 承担美国空军的科学和研究工作，内容涵盖基础研究、应用研究和新技术开发。AFRL 在空军装备司令部的领导下，致力于开发、集成美国航空航天作战技术，规划空军科学研究。AFRL 组成包括：一个空军研究办公室（AFOSR）；八个部，即飞行器部、定向能部、材料和制造部、情报信息部、弹药部、推进和电力系统部、传感器部、航天飞行部，另外还有一个分支机构。

AFRL 飞行器部曾经拥有的风洞设备包括：莱特兄弟风洞、McCook 风洞、5 英尺风洞、20 英尺 Massie 纪念风洞、10 英尺风洞、6 英寸超声速风洞、4MW 电气体动力学风洞、50MW 高超声速试验台、50MW 再入弹头试验台、9 英寸自适应壁风洞、大型水洞等。1992—1996 年，美国压缩经费开支，许多风洞设备封存或拆除。2008 年和 2010 年，AFRL 分别建设了微型飞行器小型试验间和大型试验间，2012 年曾规划建设马赫数 4～8 的路德维希管风洞。

美国的主要国家风洞设备见附表 5-1，其中：NASA 27 座（2004 年兰德公司评估的 NASA 满足国家未来需求的基本风洞设备）；AEDC 19 座；AFRL 5 座；其他 5 座；共计 56 座。

网址：NASA，http://www.nasa.gov；AEDC，http://www.arnold.af.mil；AFRL，http://www.afrl.hpc.mil。

附表 5-1　美国主要国家风洞设备

机构	风洞名称	试验段尺寸 （宽×高×长；单位：m）	试验马赫数 或速度	备注
NASA 艾姆斯 研究中心	统一规划 12 英尺压力风洞	3.4×3.4×8.5	17～187m/s	亚声速高雷诺数风洞
	统一规划 11 英尺风洞	3.4×3.4×6.7	0.2～1.5	跨声速高雷诺数风洞
	统一规划 9 英尺×7 英尺风洞	2.7×2.1×3.4	1.5～2.5	超声速高雷诺数风洞
	16 英寸激波风洞	0.41	不详	高超声速推进一体化风洞
	直连电弧设备（DCAF）	不详	不详	高超声速推进一体化风洞

（续）

机构	风洞名称	试验段尺寸 （宽×高×长；单位：m）	试验马赫数 或速度	备注
NASA 格林 研究 中心	9 英尺 × 15 英尺低速风洞	2.7×4.6×8.5	68m/s	亚声速推进/近场声学风洞
	20 英尺立式尾旋风洞	直径6.1，高7.6	26m/s	亚声速尾旋风洞
	结冰研究风洞（IRT）	1.8×2.7×6.1	22～177m/s	亚声速结冰风洞
	8 英尺 × 6 英尺超声速风洞	2.4×1.8×7.2	0.25～2.0	跨声速/推进模拟风洞
	10 英尺 × 10 英尺超声速风洞	3.1×3.1×12.4	136m/s，2.0～3.5	超声速推进模拟风洞
	高超声速风洞（HTF）	直径1.0	5，6，7	高超声速推进一体化风洞
	推进模拟试验舱 C-3	直径7.3，长12	0.15～0.80，3	超声速直连式推进设备
	推进模拟试验舱 C-4	直径7.3，长12	4，6	高超声速直连式推进设备
	发动机部件研究试验舱 C-2b	1.8×1.8	1.6	超声速直连式推进设备
NASA 兰利 研究 中心	14 英尺 × 22 英尺亚声速风洞	4.4×6.6×15.2	102m/s	亚声速大气风洞
	低湍流度压力风洞	2.3×0.9×2.3	1.7～170m/s	亚声速低湍流度风洞
	国家跨声速设备（NTF）	2.5×2.5×7.6	0.1～1.2	跨声速低温高雷诺数风洞
	16 英尺跨声速动力学风洞（TDT）	4.9×4.9×5.2	0.1～1.2	跨声速高雷诺数动力学/颤振风洞
	统一规划风洞（UPWT）	1.2×1.2×2.1	1.5～2.9	超声速高雷诺数风洞
	20 英寸 M6 风洞	直径0.51	6	高超声速通用风洞
	31 英寸 M10 风洞	直径0.79	10	高超声速通用风洞

（续）

机构	风洞名称	试验段尺寸 （宽×高×长；单位：m）	试验马赫数 或速度	备注
NASA 兰利 研究 中心	20 英寸 M6/CF$_4$ 风洞	直径 0.51	6	高超声速真实气体效应/ 四氟甲烷气体风洞
	8 英尺高温风洞	直径 6.1，长 3.7	4，5，7	高超声速推进一体化风洞
	电弧加热超燃发 动机试验设备	直径 1.2，长 3.4	4.7 ~ 8	高超声速推进一体化风洞
	燃烧加热超燃发 动机试验设备	1.1 ×0.8 ×2.4	3.5 ~ 6	高超声速推进一体化风洞
	超声速燃烧风洞	0.039 × 0.088 （M2.0 喷管） 0.038 ×0.170（M2.7 喷管）	4.0 ~7.5	高超声速推进一体化风洞
	15 英寸 M6 高温 风洞	直径 0.4	6	高超声速推进一体化风洞
AEDC	国家全尺寸空气 动力设施（NFAC）	试验段 1：24 ×12 ×24 试验段 2：36 ×24	150m/s 50m/s	所有权归 NASA。2006 年起，由美国空军 AEDC 运营，租期 25 年。特大 型亚声速风洞
	16 英尺跨声速推 进风洞（16T）	4.9 ×4.9 ×12	0.05 ~ 1.6	推进设备
	16 英尺超声速推 进风洞（16S）	4.9 ×4.9 ×12	1.5 ~4.75	推进设备
	4 英尺超声速推 进风洞（4T）	1.2 ×1.2 ×3.8	0.05 ~2.46	推进设备
	9 号超高速风洞	直径 1）0.9，长 2.7； 2）1.5，长 3.7； 3）1.5，长 3.7	8 10 14	气动力设备
	9 号超高速风洞 （气动热）	直径 0.3，长 0.9	6.7	气动热设备
	超声速风洞 A	1.0 ×1.0 ×2.7	1.5 ~5.5	冯·卡门气体动力学设备
	高超声速风洞 B	直径 1.3，长 2.7	6，8	冯·卡门气体动力学设备
	高超声速风洞 C	直径 1.3，长 2.7	10	冯·卡门气体动力学设备
	高雷诺数风洞 C	直径 0.6，长 0.9	8	高雷诺数设备
	气动热风洞 C	直径 0.6，长 0.9	4，8	气动热设备

（续）

机构	风洞名称	试验段尺寸 （宽×高×长；单位：m）	试验马赫数 或速度	备注
AEDC	H1	直径 0.02 ~ 0.08	1.8 ~ 3.5	电弧加热设备，高焓
	H2	直径 0.13 ~ 1.07	3.4 ~ 8.3	电弧加热设备，烧蚀
	H3	直径 0.03 ~ 0.11	1.8 ~ 3.5	电弧加热设备，侵蚀
	APTU	直径 1.07	3.1, 4.3, 5.2, 6.3, 7.2	超声速/高超声速吸气推进
	弹道靶 G	直径 1) 0.08 2) 0.10 3) 0.20	1494 ~ 7010m/s 1494 ~ 6005m/s 1707 ~ 5212m/s	超高速冲击/毁伤/侵蚀
	弹道靶 I	直径 0.06	1494 ~ 6492m/s	超高速冲击/毁伤/侵蚀
	弹道靶 S1	直径 0.008 ~ 0.019	1494 ~ 7986m/s	超高速冲击/毁伤/侵蚀
	弹道靶 S3	直径 0.18	40 ~ 701m/s	冲击/毁伤/侵蚀
AFRL	立式风洞（VWT）	直径 3.7	48m/s	
	亚声速气动研究实验室（SARL）	2.1×3	68 ~ 170m/s	直流式
	三声速气体动力学风洞（TGF）	0.6×0.6	0.23 ~ 0.8 1.5, 1.9, 2.3, 3.0	连续式
	20英寸高超声速风洞	直径 0.5	12, 14	暂冲式
	M6 高雷诺数设备	直径 0.3	6	暂冲式
其他	陆军航空动力实验室	3.0×2.1	112m/s	陆军航空动力实验室（在NASA 艾姆斯研究中心）
	10×8 英尺亚声速风洞	3.0×2.4×4.3	3 ~ 84m/s	海军地面作战中心（NSWC）
	国家高能激波风洞 LENS I	直径 2.4，长 8.5	8 ~ 18	卡尔斯潘大学布法罗研究中心（CUBRC）
	国家高能激波风洞 LENS II	直径 2.4，长 12.7	4.5 ~ 8	卡尔斯潘大学布法罗研究中心（CUBRC）

2. 法国 ONERA

法国国家航空航天研究院（Office National d'Etudes et de Recherches Aérospatiales，ONERA）是法国国家航空航天综合性科研机构，研究工作包括动力学、空气动力学、材料和结构、流体物理学、电磁学、光学、仪器测量、空间和大气环境物理学、信息处理、系统集成等，有"法国国家航空航天实验室"（The French Aerospace Lab）之称，兼具工业工程和研究性质，拥有财务自主权，由法国国防部监管。ONERA 总部设在巴黎近郊的 Châtillon，下设 7 个中心：①Palaiseau 中心；②Meudon 中心；③Lille 中心；④Modane-Avrieux 中心；⑤Le Fauga Mauzac 中心；⑥Toulouse 中心；⑦Salon de Provence 中心。主要风洞设备见附表 5 – 2。

网址：ONERA，http://www.onera.fr。

附表 5 – 2　法国 ONERA 主要风洞设备

机构	风洞名称	试验段尺寸 （宽×高×长；单位：m）	试验马赫数 或速度	备注
ONERA	CEPRA19	直径　1）2 　　　　2）3	130m/s 60m/s	气动声学
	F1	4.5×3.5×12	17～122m/s	连续式
	F2	1.4×1.8×5	100m/s	连续式
	F4	直径　1）0.67 　　　　2）0.67 　　　　3）0.43 　　　　4）0.93	7～17 7～13 6～11 9～21	电弧加热、高焓
	R4.3	宽0.12	0.3～1.6	叶栅风洞
	R2CH	直径　1）0.19　2）0.33	3～45，6，7	暂冲式
	R3CH	直径0.35	10	暂冲式
	S V4	直径4	40m/s	立式风洞
	S1MA	名义直径8，长14	0.05～1	连续式跨声速
	S2MA	1）1.75×1.77 2）1.75×1.93	0.1～1.3 1.5～3.1	连续式亚/跨/超声速
	S3MA	1）0.56×0.78 2）0.76×0.8	0.1～1.3 1.65～5.5	暂冲式亚/跨/超声速
	S4MA	直径　1）0.68　2）1　3）1	6.4 10 12	暂冲式高超声速
	S2CH	直径3，长5	120m/s	亚声速
	S3CH	0.8×0.76	0.3～1.2	连续式跨声速
	S5CH	0.3×0.3	1.2～3.15	

3. 欧洲 DNW 及 ETW

1976 年，德国和荷兰认识到发展民用航空需要大型低速风洞，德国航空航天中心（the German Aerospace Center，DLR）和荷兰国家航空航天实验室（the Dutch National Aerospace Laboratory，NLR）各自计划建设一座大型低速风洞。当时，欧洲经济开始走向联合发展，德国 DLR 和荷兰 NLR 经过广泛的磋商，决定将两国的大型低速风洞建设计划合二为一，在荷兰的法律框架下，本着对等（人员、设备投入等）原则，建立一个非盈利机构——德国/荷兰风洞基金会（the Foundation German-Dutch Wind Tunnels，DNW），这时的"DNW"是特指一个德/荷共建的大型低速风洞，即当今的 DNW-LLF。20 世纪 90 年代，德国 DLR 和荷兰 NLR 决定将他们拥有的其他 10 座风洞委托 DNW 管理，形成了当今的"DNW"——德国/荷兰风洞群（German-Dutch Wind Tunnels，DNW）。德国/荷兰风洞群（DNW）成立的目的是为航空研究、政府和工业部门客户提供风洞试验和模拟技术。

1993 年，德、法、英、荷四国联合建成了世界上最先进的低温、增压欧洲跨声速风洞（European Transonic Windtunnel，ETW），风洞位于德国科隆，ETW 风洞由四国按非营利性公司模式运营管理。欧洲 DNW 及 ETW 风洞设备见附表 5-3。

网址：DNW，http://www.dnw.aero；ETW，http://www.etw.de。

附表 5-3　欧洲 DNW 及 ETW 主要风洞设备

机构	风洞名称	试验段尺寸（宽×高×长；单位：m）	试验马赫数或速度	备注
DNW	LLF	1) 9.5×9.5　2) 8×6　3) 6×6	62~152m/s	荷兰
	LST	3×2.25		荷兰
	NWB	3.25×2.8		德国
	HST	1) 2×1.8　2) 2×1.6	0.15~1.35	荷兰，变密度
	SST	1.2×1.2	1.3~4	荷兰
	ECF	/	/	荷兰，发动机校准设备
	KKK	2.4×2.4	5~100m/s	德国，低温
	HDG	0.4×0.6	35m/s	德国，增压
	KRG	0.4×0.35	0.4~0.9	德国
	TWG	1×1	0.5~2	德国，连续式跨超声速
	RWG	直径0.5	3, 4, 5, 6, 7, 8, 9, 10, 11	德国，激波管
ETW	ETW	2×2×9	0.13~1.35	连续式、增压、低温

4. 英国 QinetiQ、ARA、BAE

飞机研究协会（ARA）、原皇家航空航天研究院（RAE）、原英国宇航公司（BAe）拥有英国国家主要风洞试验设备。英国飞机研究协会（Aircraft Research Association，ARA）成立于 1952 年，由当时英国飞机工业 14 家公司为共同建设和管理大型风洞而发起，ARA 是一个独立的非营利、非官方研究与发展机构。2001 年 7 月 1 日，英国组建了奎奈蒂克（QinetiQ）集团股份公司，皇家航空航天研究院（Royal Aircraft Establishment，RAE）被兼并在其中。1999 年 11 月，英国宇航公司（BAe）和马可尼电子系统公司合并重组，成立英国宇航系统（BAE Systems Pic—BAE）公司。目前，英国的国家主要风洞设备蕴藏在 QinetiQ、ARA 和 BAE 中，见附表 5－4。

网址：QinetiQ，http://www.qinetiq.com；ARA，http://www.ara.co.uk；BAE，http://www.baesystems.com。

附表 5－4　英国主要风洞设备

机构	风洞名称	试验段尺寸 （宽×高×长；单位：m）	试验马赫数 或速度	备注
QinetiQ	24 英尺无回声低速风洞	直径 7.3，长 7	5～50m/s	回流式、声学
	5m 低速风洞	5×4.2	91m/s	回流式
	13×9 英尺低速风洞	4.0×2.7×9.1	5～91m/s	回流式
	11.5×8.5 英尺风洞	3.5×2.6	5～110m/s	回流式
	8 英尺跨声速风洞	2.5×2.25	1.35～2.5	连续式、可变压力
	8×6 英尺跨声速风洞	2.4×1.8	1.25	连续式、可变压力
	3×4 英尺超声速风洞	0.9×1.2	2.5～5.0	连续式、可变压力
ARA	跨声速风洞（TWT）	2.7×2.4	0.2～1.4	连续式
	超声速风洞（SWT）	0.8×0.7	1.4～3.0	连续式
	高超声速风洞（HWT1）	0.4×0.3	4.0～5.0	暂冲式
	高超声速风洞（HWT2）	直径 0.3	6，7，8	暂冲式
BAE	18 英尺垂直起降风洞	5.0×5.5	12～22m/s	直流式、活动地板
	15 英尺风洞	4.6×4.6×12.2	43m/s	直流式
	13×9 英尺低速风洞	4.0×2.7	60～90m/s	回流式
	12×10 英尺低速风洞	3.7×3.1×7.9	85m/s	回流式
	9×7 英尺低速风洞	2.7×2.1×5.5	60m/s	回流式
	9×7 英尺风洞	2.7×2.0×5.6	76m/s	回流式

（续）

机构	风洞名称	试验段尺寸 （宽×高×长；单位：m）	试验马赫数 或速度	备注
BAE	7×5 英尺低速风洞	2.1×1.5	85m/s	回流式、边界层吸除装置
	3×2 英尺高速风洞	0.9×0.6×1.5	76m/s	回流式
	4 英尺暂冲风洞	1.2×1.2×5.0	0.4~4.0	暂冲式、可变压力
	27×27 英寸跨超风洞	0.7×0.7×2.1	0.1~2.5	暂冲式、可变压力
	30×27 英寸超声速风洞	0.8×0.7	1.6~3.5	暂冲式、可变压力
	制导武器风洞	0.5×0.5×0.6	1.7~6.0	暂冲式、可变压力

5. 比利时 VKI

比利时冯·卡门流体力学研究所（Von Karman Institute for Fluid Dynamics，VKI）成立于 1956 年，是一个非营利的国际教育和科学组织，也是欧空局的签约咨询实验室，拥有环境与应用流体动力学、航空航天和涡轮机与推进三个研究室，主要以培养研究生为主，在流体力学研究领域享有很高的声誉。VKI 拥有风洞、涡轮机和其他专用实验研究设备 50 余座，其中低速风洞 7 座（另有 7 座袖珍风洞，编号 L-7~13）、高速风洞 5 座、等离子风洞 2 座、水洞 2 座、两相流设备 2 座，涡轮机设备 12 座。VKI 的风洞大多数是 1m 量级以下的研究性设备，主要 7 座风洞设备见附表 5-5。

网址：http://www.vki.ac.be。

附表 5-5　比利时 VKI 主要风洞设备

机构	风洞名称	试验段尺寸 （宽×高×长；单位：m）	试验马赫数 或速度	备注
冯卡门流体力学研究所	低速风洞 L-1A	直径3，长4.5	2~60m/s	回流式
	低速风洞 L-1B	3×2	2~50m/s	回流式
	冷风洞 CWT-1	0.3×0.1×1.6	70m/s	结冰风洞
	风廊 WG-1	1.3×1×7	0.25~1m/s	两相流设备
	高速连续式叶栅风洞 S-2	直径1.01	不详	
	M14 长射自由活塞风洞	直径0.6，0.43	14~20	暂冲式
	1.2MW 等离子风洞	直径1.4，长2.5	2900kW/m²	高焓

6. 加拿大 NRC

加拿大国家研究委员会（National Research Council，NRC）成立于1916年，是加拿大国家综合性科学技术研究组织。在航空航天试验研究领域，NRC拥有7座风洞设备，见附表5-6。

网址：http://www.nrc-cnrc.gc.ca。

附表5-6　加拿大 NRC 主要风洞设备

机构	风洞名称	试验段尺寸 （宽×高×长；单位：m）	试验马赫数 或速度	备注
NRC	9m 低速风洞	9.1×9.1×22.9	55m/s	回流式
	5m 立式风洞	直径5	28m/s	
	3×2 亚声速风洞	2.7×1.9×5.2	140m/s	回流式
	3×6m 结冰风洞	3.1×6.1×12.2	54m/s	直流式
	高速结冰风洞	1）0.57×0.57×1.83 2）0.52×0.33×0.6	100m/s 10~180m/s	
	0.9m 低速风洞	0.1×0.8	44m/s	9 米低速风洞的引导性风洞
	1.5m 三声速风洞	1）1.5×1.5×4.9 2）0.38×1.5×3.7	0.1~0.75 0.7~1.4, 1.1~4.25	暂冲式

7. 意大利 CIRA

意大利航空航天研究中心（Centro Italiano Ricerche Aerospaziali，CIRA）成立于1984年，是意大利国家公立的非营利性航空航天研究中心，负责制定和执行国家航空航天项目，其主要风洞设备见附表5-7。

网址：http://www.cira.it。

附表5-7　意大利 CIRA 主要风洞设备

机构	风洞名称	试验段尺寸 （宽×高×长；单位：m）	试验马赫数	备注
CIRA	结冰研究风洞（IWT）	1）2.25×2.35 2）1.15×2.35 3）3.6×2.35 4）2.25×2.35（开口）	0.41 0.70 0.25 0.40	

（续）

机构	风洞名称	试验段尺寸 （宽×高×长；单位：m）	试验马赫数	备注
CIRA	PT-1 跨声速风洞	0.45×0.35	0.1~0.35, 0.35~1.1, 1.4	连续式，引导风洞
	SCIROCCO 等离子风洞	直径 0.187~1.95 （5个喷管）	6~9	70MW 电弧加热，世界最大

8. 瑞典 FOI

瑞典国防研究局（ForskningsInstitute，FOI，Swedish Defence Research Agency，SDRA）拥有的风洞设备见附表 5-8。

网址：http://www.foi.se。

附表 5-8 瑞典 FOI 主要风洞设备

机构	风洞名称	试验段尺寸 （宽×高×长；单位：m）	试验马赫数 或速度	备注
FOI	低速风洞（LT1）	直径 3.6，长 8	80m/s	
	高速风洞（T1500）	1.5×1.5×4.0	0.2~1.25, 1.3~2.0	
	S4	1) 0.92×0.90 2) 0.92×1.15	0.5~2.0	
	HYP500	直径 0.5	4, 7.15	

9. 罗马尼亚 INCAS

罗马尼亚航空航天研究院（The National Institute of Aerospace Research "ELIE CARAFOIL"，INCAS）的前身是成立于 1950 年的罗马尼亚应用力学研究所，其后，罗马尼亚国防科研机构历经过多次变化，1991 年，通过众多科研机构整合形成 INCAS。该机构是一个综合性的研究机构，主要包括 5 个研究部：研究发展部、技术部、经济部、新商务发展部、公共政策部，其主要风洞设备见附表 5-9。

网址：http://www.incas.ro。

附表 5 – 9　罗马尼亚 INCAS 主要风洞设备

机构	风洞名称	试验段尺寸 （宽×高×长；单位：m）	试验马赫数 或速度	备注
国家航空航天研究院	2.5×2.0m 低速风洞	2.5×2.0×4.0	110m/s	回流式
	1.2×1.2m 三声速风洞	1.2×1.2	0.2～0.6 0.7～1.4 1.9～3.5	暂冲式

10. 塞尔维亚 VTI

塞尔维亚军事技术研究所（Vojnotehnicki Institut，VTI）位于贝尔格莱德市，是塞尔维亚国防部下属的防务开发机构，涉及飞机、导弹、火炮等武器装备，承担塞尔维亚军队绝大部分武器装备技术的开发工作，其实验空气动力学室有 5 座风洞，主要风洞设备见附表 5 – 10。

网址：不详。

附表 5 – 10　塞尔维亚 VTI 主要风洞设备

机构	风洞名称	试验段尺寸 （宽×高×长；单位：m）	试验马赫数 或速度	备注
军事技术研究所（VTI）	T – 35	4.2×3.2	170m/s	
	T – 38	1.5×1.5	0.2～4	暂冲式、增压

11. 日本 JAXA

日本航空航天探索局（Japan Aerospace Exploration Agency，JAXA）成立于 2003 年 10 月 1 日，由原国家航空航天实验室（National Aerospace Laboratory，NAL）、太空和宇航科学研究所（The Institute of Space and Astronautical Science，ISAS）和国家航天发展局（National Space Development Agency of Japan，NASDA）合并而成，其主要风洞设备见附表 5 – 11。

网址：http://www.jaxa.jp。

附表 5 – 11　日本 JAXA 主要风洞设备

机构	风洞名称	试验段尺寸 （宽×高×长；单位：m）	试验马赫数 或速度	备注
JAXA	LWT1	5.5×6.5×9.5（闭口） 4.6×5.6（开口）	60m/s 75m/s	回流式
	LWT2	2×2	60m/s	回流式
	2m 跨声速风洞	2×2×4.13	0.1~1.4	连续式
	2 维跨声速风洞	0.3×1	0.2~1.15	暂冲式
	0.6m 跨声速风洞	0.6×0.6×1	0.3~1.3	暂冲式
	0.6m 超声速风洞	0.6×0.6×0.6	1.5~4	暂冲式
	1m 超声速风洞	1×1	1.4~4	暂冲式
	0.5m 高超声速风洞	直径 0.5	5, 7, 9, 11	暂冲式
	1.27m 高温自由活塞激波风洞（HIEST）	直径　1）1.27 2）0.8	7km/s	

12. 印度 NAL

印度国家航空航天实验室（National Aerospace Laboratories，NAL）成立于 1959 年 6 月 1 日，隶属印度科学与工业研究委员会（Council of Scientific and Industrial Research，CSIR）管理。NAL 致力于航空航天及相关科学领域的研究，主要包括流体动力学、空气动力学、飞行试验、飞行力学与控制、电子系统、材料科学、推进系统、系统工程、结构工程和风能等，其主要风洞设备见附表 5 – 12。

网址：http://www.nal.res.in。

附表 5 – 12　印度 NAL 主要风洞设备

机构	风洞名称	试验段尺寸 （宽×高×长；单位：m）	试验马赫数 或速度	备注
NAL	1.5m 低速风洞	1.5×1.5×6.5	8~50m/s	
	0.3m 三声速风洞	0.38×0.3 0.3×0.3	0.2~4	暂冲式
	0.6m 跨声速风洞	0.6×0.6	0.2~4	暂冲式
	1.2m 三声速风洞	1.2×1.2	0.2~4	暂冲式
	0.5m 尾流风洞	直径 0.542	0.5~4	发动机喷管研究

（续）

机构	风洞名称	试验段尺寸 （宽×高×长；单位：m）	试验马赫数 或速度	备注
NAL	射流气动声学研究设备	3.6×3.6×4.2	0～2	
	跨声速叶栅风洞 （TCT）	叶片弦长0.04－0.08	0.85（入口）～ 1.5（出口）	压气机叶栅和 涡轮叶片研究
	半自由射流试验台	不祥	3.5	燃烧气体动力学实验室
	高速燃烧器试验设备	0.35×0.35	2，3.5	超燃冲压发动机研究
iisc	直流低速风洞	4.25×2.75	70m/s	
iitk	国家风洞设备	3×2.25×8.75	80m/s	

13. 韩国 KARI

韩国航空航天研究院（Korea Aerospace Research Institute，KARI）是韩国国家航空航天综合研究机构，承担飞机、卫星、运载火箭关键技术的研发工作，为国家太空政策提供研究支撑，发布有关航空航天信息，为工业界和科研院所提供试验评估设备，其主要风洞设备见附表5－13。

网址：http://www.kari.re.kr。

附表5－13   韩国 KARI 主要风洞设备

机构	风洞名称	试验段尺寸 （宽×高×长；单位：m）	试验马赫数 或速度	备注
KARI	低速风洞（LSWT）	1）4×3×10 2）5×3.75×11（开口）	5～120m/s 3～70m/s	回流式
	1m 风洞	1）1×0.75×2	1～110m/s	回流式

14. 中国 CARDC、AVICARI、CAAA

中国空气动力研究与发展中心（China Aerodynamics Research and Development Research Center，CARDC）、中国航空工业空气动力研究院（AVIC Aerodynamics Research Institute，AVICARI）、中国航天空气动力技术研究院（China Academy of Aerospace Aerodynamics，CAAA）是中国航空航天飞行器空气动力学试验研究的三个主要机构，其主要风洞设备见附表5－14。

网址：http://www.cardc.cn；

　　　　http://www.avicari.com.cn；

　　　　http://www.caaa.spacechina.com。

附表 5 - 14　中国主要风洞设备

机构	风洞名称	试验段尺寸 （宽×高×长；单位：m）	试验马赫数 或速度	备注
CARDC	4m×3m 风洞（FL－12）	1）12×16×25	10～106m/s	回流式
	8m×6m 风洞（FL－13）	2）8×6×15	100m/s	直流式
	φ3.2m 风洞（FL－14）	1）直径 3.2，长 5 2）直径 3.2，长 5（开口）	145m/s 115m/s	回流式
	φ5m 立式风洞（FL－15）	直径 5，长 7.5	3.4～50.7m/s	回流式
	3m×2m 结冰风洞 （FL－16）	1）3×2×6.5 2）4.8×3.2×9 3）2×1.5×4.5	21～210m/s 8～78m/s 26～256m/s	回流式
	5.5m×4m 航空声学风洞（FL－17）	1）5.5×4×14 2）5.5×4（开口）	8～130m/s 8～100m/s	回流式
	0.6m×0.6m 跨超声速风洞（FL－21）	0.6×0.6	0.4～2.5	半回流、暂冲式
	0.6m×0.6m 跨超声速风洞（FL－23）	0.6×0.6	0.4～4.5	直流、暂冲式
	1.2m×1.2m 超声速风洞（FL－24）	1.2×1.2	0.4～3.0	半回流、暂冲式
	2.4m×2.4m 跨声速风洞（FL－26）	2.4×2.4	0.4～1.15	半回流、暂冲式
	2m×2m 超声速风洞（FL－28）	2×2	1.5～4.0	暂冲式
	0.6m×0.6m 暂冲式跨超声速风洞（FL－32）	1）0.6×0.6×1.8 2）0.6×0.6×0.55	0.3～4.5	直流、暂冲式
	2m 激波风洞（FD－14A、14B、14C）	A）直径 1.2，长 2.0 B）直径 1.2，长 2.0 C）直径 1.2	6～24 8～16 5～8	脉冲式
	20MW 级电弧风洞（FD－15）	直径 2.5，长 4.3	0.1～1.5kg/s	电弧等离子加热

(续)

机构	风洞名称	试验段尺寸 （宽×高×长；单位：m）	试验马赫数 或速度	备注
CARDC	50MW 级电弧风洞 （FD－15A）	直径0.8，1.0，1.2，1.5	5～7	片式电加
	50MW 级电弧风洞 （FD－15B）	直径0.4～1.0	4～10	管式电加
	ϕ1m 高超声速低密度 风洞（FD－17A）	直径1.0～1.3	10～20	
	200m 自由飞弹道靶	直径0.037－0.050， 0.012，0.203	0.3～5.0km/s	真实气体
	气动物理靶 （FD－18B）	直径0.025	0.3～6.1km/s	
	ϕ1m 高超声速风洞 （FD－30D、30A）	直径1.0，1.2	3～10	暂冲式
	ϕ0.5m 量级高超声速 风洞（FD－30B）	直径0.5，0.6	5～10	暂冲式
	1MW 高频等离子体风 洞（FD－31A）	直径0.06，0.18	10～60MJ/kg	烧蚀
	50MW 级管式电弧加热 器（DJ－23）	直径0.04，0.8	1～4	高焓
	50MW 级片式电弧加热 器（DJ－32）	直径0.06，0.18	3.5kg/s， 30MJ/kg	烧蚀
	ϕ2.4m 脉冲燃烧风洞	直径2.4	4～7	
	ϕ450mm 脉冲燃烧风洞	直径0.45	2～6	
	ϕ600mm 脉冲燃烧风洞	直径0.6	4～7	
	ϕ600mm 高超声速高温 风洞	直径0.6	4～7	
	1kg/s 脉冲燃烧直连式 设备	0.05×0.1	2.0～3.5	
	kg/s 连续燃烧直连式 设备	0.05×0.1	2.0～3.5	

（续）

机构	风洞名称	试验段尺寸 （宽×高×长；单位：m）	试验马赫数 或速度	备注
AVICARI	ϕ1.5m 低速风洞 （FL-5）	直径 1.5	50m/s	回流式
	3.5m×2.5m 低速风洞（FL-8）	3.5×2.5	73m/s	回流式
	4.5m×3.5m 低速风洞 （FL-51）	4.5×3.5	85m/s（开口） 100m/s（闭口）	回流式
	8m×6m 低速风洞 （FL-10）	1) 8×6 2) 6×6 3) 9.5×9.5	85m/s（开口） 110m/s（闭口）	回流式
	2.0m×1.5m 航空声学 风洞（FL-52）	2.0×1.5	100m/s（开口） 110m/s（闭口）	
	2.4m 连续式跨声速风 洞（FL-62）	2.4×2.4	0.3~1.6	
	1.5m 三声速风洞（FL-3）	1.5×1.6	0.3~2.25	暂冲式
	1.2m 三声速风洞 （FL-2、60）	1.2×1.2	0.3~4.0	暂冲式
	0.6m 连续式跨声速风 洞（FL-61）	0.6×0.6	0.3~1.6	
	0.6m 三声速风洞（FL-7）	0.64×0.52	0.4~1.5	
	0.6m 三声速风洞（FL-1）	0.6×0.6	0.3~4.0	半回流式
	4.5m×3.5m 低速增压 风洞（FL-9）	4.5×3.5×10	130m/s（常压） 90m/s（0.4MPa）	闭口
CAAA	低速风洞（FD-09）	3×3×12	10~100m/s	
	亚跨声速风洞（FD-08）	0.76×0.53	0.3~1.15	暂冲式
	高超声速风洞（FD-07）	直径 0.5	5~12	暂冲式
	活塞式炮风洞（FD-20、22）	直径 0.4 直径 1.0	5~25	
	电弧风洞（FD-04、22）	直径 0.42 直径 1.0	0.6~12 0.6~10	
	亚跨超声速风洞（FD-06）	0.6×0.6×1.575	0.4~4.45	半回流暂冲式
	亚跨超声速风洞（FD-12）	1.2×1.2×2.4	0.3~4.0	冲压式、冲压引射式

参考文献

［1］Penaranda F E, Freda M S. Wind tunnels ［R］. NASA RP－1132，1985.

［2］范洁川，等. 世界风洞 ［M］. 北京：航空工业出版社，1992.

［3］战培国. 风洞发展现状及趋势研究 ［J］. 航空科学技术，2010 (4)：5－7.

［4］战培国. 对未来武器装备发展至关重要的 12 座 NASA 航空试验设备 ［J］. 靶场试验与管理，2008 (3)：49－53.

［5］战培国. 结冰风洞研究综述 ［J］. 实验流体力学，2007，21 (3)：92－96.

［6］Ragni A. An overview of the CIRA IWT wind tunnel ［R］. AIAA 2003－900，2003.

［7］Purpura C. Experimental characterization of the CIRA plasma wind tunnel SCIOCCO test section ［R］. IAC－05－C2.7.04，2005.

［8］Savino L. Experimental characterization of the CIRA plasma wind tunnel flow by optical emission spectroscopy ［R］. AIAA 2011－2213，2011.

［9］Kijung KWon. KARI open jet T/S & rotor tests ［R］. SATA－2009，2009.

［10］Dijana Damljanović. An valuation of the verall T－38 wind tunnel data quality in testing of a calibration model ［R］. AIAA 2012－3231，2012.

［11］Mark R. Melanson. Wind tunnel testing's future：a vision of the next generation of wind tunnel test requirements and facilities ［R］. AIAA 2010－142，2010.

［12］陈延辉. 日本自由活塞激波风洞 HIEST 概述 ［J］. 飞航导弹，2014，(8)：11－13.

［13］战培国. 国外风洞发展趋势研究 ［J］. 气体物理－理论与应用，2008，3 (4)：15－17.

［14］Alferov V I. Some ways of simulating actual flight parameters in ground test facilities ［A］. Aerospace technologies of the 21th century，2000，1：223－228.

［15］Dmitriev V G. Advanced technologies of TsAGI experimental research for development of modern aircraft ［A］. Aerospace technologies of the 21th century，2000，1：195－200.

［16］乔文逍. 俄罗斯的航空发动机研究院 ［J］. 飞行试验，1999，11 (4)：13－16.

［17］Ogorodnikov D. CIAM Hypersonic Investigations and Capabilities ［R］. AIAA－93－5093

［18］王惠儒. 大型航空发动机试验及试验研究 ［J］. 燃气涡轮试验与研究，2008，21 (1)：20－22.

［19］刘大响. 航空发动机技术的发展与建议 ［J］. 中国工程科学，2000，1 (2)：25－27.

［20］苏娜. 罗蒙诺索夫莫斯科国立大学 ［J］. 世界教育信息，2006，(2)：9－11.

［21］朱爱平，苏鑫鑫. 俄罗斯彩虹机械设计局 ［J］. 飞航导弹，2008，(4)：23－24.

［22］王晓菊. 俄罗斯科学院西伯利亚分院的创建与发展 ［J］. 俄罗斯学刊，2011，1 (4)：17－18.

［23］Kharitonov A M, et al. Aerodynamic investigation of aerospace vehicles in the new hypersonic wind tunnel AT－303 at ITAM ［J］. 实验流体力学，2006，20 (4)：19－22.

［24］Yaroslavtsev M I. Methodical features of testing gas-dynamic models with combustion in short-duration facilities ［J］. 流体力学实验与测量，2000，20 (4)：23－26.